U0147321

Helen说，

在**职场**要像

向日葵一样成长

毛文 *Helen* 著

ZHEJIANG UNIVERSITY PRESS
浙江大学出版社

第一篇
向日葵般的姿态

从面试成功，到走向全新的工作岗位，
从绽放的向日葵到浮出水面的潜水艇，
职场的成长就是一次人生的蜕变。

第二篇
我们是Lady，我们很Gentle

性别和角色都是职场女性魅力不可缺的部分，不要像男人那样工作，应该用女性的智慧让职场充满生机和活力。

第三篇
与咆哮保持1.2米

与人相处、与人共事都是一种生存的技能，女性在人际关系中发挥着可圈可点的作用，进退之间海阔天空。

第四篇
好马回头不为草

职场生涯总是在起伏中发展，在遇到职场瓶颈时，不防华丽转身，实现人生的又一次飞跃。

目
录

推荐序　坚强面对,温柔坚持

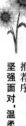

邵　忠

我常常在思考观察,精英及其平庸的模仿者之间的区别在哪里?我发现,精英在职场中的每一个细节都是他用心琢磨并发掘固定下来的。职场问题的多样性往往寓于丰富的、真实的、意想不到的因素之中,而对这种多样性的纯粹的形式模仿不过是空虚和呆板。

有着丰富职场经验的毛文,将自己的思想精确地运用于她所热爱的事业中,如此,她的指导才具有非常实在的,营养丰富的特点。在本书中,她提出一种全新的"职商"概念。过往公司对员工的要求"一心一意",已经被"三心二意"所取代,"三心二意"涵盖了情商,智商的全要素,即必须有"包容心""忍耐心""好奇心"以及强烈的职场"意愿"和强大的"意志"。有了这个最基本的出发点，才有可能处理好自己的职场问题。

几乎每个刚入职场的新人，都迫不及待地想了解其中的成功秘诀，而所谓职场精英的练就，并不仅仅来自比他人优越的智力因素和交际修养，更多的是来自对它们进行改造和转换的能力。作家普鲁斯特曾经做过类似的比喻，如果用电灯泡来给液体加热，我们并不需要亮度最强的灯泡，而是需要一个不再照明的、电能可以转换的、具有热度而非光度的灯泡。与此相仿，职场精英可能并不是表面看来谈吐惊人、博学多才的人，而是那些将自己的个性最大限度变为工作力量源泉，把自己的能力折射在一切周遭事物上的人。这些个性和能力是职场精英身上最不易改变而又最深刻的东西，而且它们也将成为精英在职场区别于他人并获得成功的见证。所以，职场守则并不是一些古板的框框，而是可以和自己个性相结合，将其运用得摇曳多姿。

我非常喜欢毛文提出的"在职场，要像向日葵一样成长"这个比喻。向日葵永远追逐着太阳的方向，不怨天尤人，努力过好每一天，从自然界攫取最大的能量。它坚强地面对所有问题，又温柔地坚持着自己的个性。

前　言

那一年在新浪开设微博,有经验的编辑建议我用职场达人这个名字,据说这是顺应潮流和时代的需要。为此我深感压力,虽然自己拥有 23 年职场打拼的经验,但真要做个达人并不容易,只是我比较幸运,因为有很多人在指引、帮助着我。

从早年我应邀为上海小资媒体写职场小故事,到现代传播集团《优家画报》创刊后为我开设职场专栏;从我十年前出版《职场决胜宝典》,到后来出版《玻璃门里的 EQ》《对号入座》等职场励志书籍,我得到了无数人的帮助,他们或与我相熟多年,或与我素昧平生,但是在他们的鼓励下我不仅坚持写作,而且也愿意和更多的年轻人分享我的职场经验。今天《Helen 说,在职场要像向日葵一样成长》有机会出版,首先要感谢现代传播集团的董事长邵忠先生,是他为我提出了一个很明确的职场励志方向，那就是要结合当下职场人关心的话题给读者以正面、积极、良性的启发。他和他的编辑团队经常与我沟通职场话题，并修改我的文章内容，才使我的职场专栏受到好评。其次我要感谢蓝狮子财经出版中心，在茫茫博文中发现我的职场博文，并力邀我再次出版职场励志书。我结合自己的职场成长经验，希望所有即将踏入职场或已经在职场打拼的年轻人，可以如本书书名那样，像向日葵一样成长，那是一种最积极向上充满朝气的职场姿态。

如果说"职场达人"只是个网络名字，我更愿意为自己贴上一个"义工"的标签。现在我每年都会去各类高校为大学生就业提供讲座和咨询，希望帮助年轻人走好职场第一步。原本以为这只是个人对社会的微不足道的贡献，不料去年在公司的评估考核中，我居然被要求在规定的时间里制订一个针对大学毕业生的产品研发和市场推广计划，这让我有点欣喜若狂。凭借我对大学生走上社会后心理需求的了解，加上已经建立的职场人脉，我很容易也很顺利地完成了考核评估，这让我更坚信一个人应该用自己的专长和所能对社会作更多的贡献，这样的回报既是无形的也是有形的。本书中收录的所有文字也恰恰代表了我愿意给职场人更多帮助的一份心愿。

《Helen 说，在职场要像向日葵一样成长》将是我系列职场书中的第一本，这不是充满爱情气息的职场小说，也不是随性调侃的职场随笔，这是一本围绕时代话题的职场心得体验书，书中的四个章节,涵盖职场起步、职场生存、职场发展到职场未来的四个阶段,不仅有直接明了的提示,而且还讲述了很多职场生活的真实故事,细细读来会发现这些人这些事就发生在我们自己的身边。只要时间允许,只要读者愿看,我会坚持写下去。

没有人会拒绝太阳,一如没有人会拒绝生长。如果有机会,请静下心来慢慢和我的文字对话,探求解除职场生长困惑的秘笈妙方,听 Helen 坚定地告诉你:在职场要像向日葵一样成长!

毛文
2012.6.10
于上海

前言

第一篇

向日葵般的姿态

职场要有规划，但更要有能力逐步调整规划；职场要有姿态，但更要有能力绽放姿态。我的职场经验告诉我，规划必须从长远着手，但改变却可以从最小处开始。职场的蜕变源自于华丽变身，来自从隐身到鲜活、从苦干到巧干、从兴趣到习惯。黑色隧道时间越短，我们的职场气场就会越强。试一下吧！

向日葵般的姿态

　　一次偶然的机会,我在深圳美丽的东部华侨城茶溪谷看到了山坡上盛开的向日葵,顷刻间被它的独有气势所震撼。我眼中的向日葵正以一种坚韧挺拔的姿态,展示着其打破束缚并聚集磅礴的能量,用特有的生机盎然昭示天下。我仿佛也看到了向日葵所蕴含的体现价值的张力以及追求自由的精神。难怪酷爱色彩的梵高以此来表达自己的愿望——生命和爱情。梵高以向日葵的各种花姿来表达自我,有时甚至将自己比拟为向日葵,于是梵高的向日葵也就成了不朽之作。由向日葵的人见人爱联想到了我们拼搏奋斗的职场,或许我们可以从向日葵的姿态中找到合适的职场姿态。

"职场向日葵族"六大姿态

姿态一：阳光姿态

向日葵始终追寻着阳光的方向,日出日落并不影响它的情绪,它依阳光而生存并向阳光而绽放。职场向日葵族对工作和生活有着明确的目标,立场坚定计划完整,乐观进取勇于改变,对新鲜事物充满好奇,并付诸行动。

姿态二：愉悦姿态

向日葵的艳丽色彩、细腻色调,无不传递着愉悦的气息,从感官上营造着快乐的氛围。"职场向日葵族"信奉知足常乐,享受职场生活的每一天,不做工作的奴隶,在工作中寻找人生的满足感。

姿态三：抗压姿态

向日葵在生长环境中难免遭受各种自然考验,但它依然迎着太阳而绽放,永不低头妥协。"职场向日葵族"善于在压力中生存,不屈不挠,不为小困境而折服,懂得减轻压力,释放自己的能量。

姿态四：独立姿态

向日葵特立独行,保持傲然的个性。虽然有着整齐划一的趋光属性,但不忘在成长的空间里保持自由的心态。"职场向日葵族"有着随大众的表面性,其实内心非常独立,遵循公众价值之外,特别追求个性价值。

Helen说'
在职场要像向日葵一样成长

姿态五：自由姿态

向日葵在烈日中自由成长，适应能力超强，一个花盘上可以结出 1000～3000 朵小花。"职场向日葵族"在职场这个舞台上演绎着自己的角色，并不在意能否成为主角。它的最大使命就是做最好的自己。

姿态六：激情姿态

向日葵可在世界各地生长，虽然喜温暖耐旱，但即便是干旱区，它依然激情不改期待着雨季的到来。"职场向日葵族"对明天充满期望，散发着勃勃生机。

"职场向日葵族"非一日促成，它需要时间的磨炼。如何成为"职场向日葵族"，或许下面五大成长秘笈可供读者参考。

"职场向日葵"五大成长秘笈

成长秘笈一：认同"被需求"的职场幸福感

职场的幸福感不同于生活。它是有很多细节组成的：上司的一次肯定和提携，周遭环境的认同感，自我价值的体现感，等等。当员工在职场生活中不断地"被需求"，其实也是员工自我价值的实现。积极地看待这种"被需求"而不是消极地认为是"被利用"，那么我们的职场心态就是阳光的。感受这种"被需求"的幸福感，就能产生正面的能量，充满着阳光朝气。期待着"被需求"，就是期待着更大的作为，更多的超越，以及更多的贡献。

成长秘笈二：做负面情绪的狙击手

　　人是受情绪导控的。人的情绪又可分为正面和负面。我们在工作中难免会因为各种压力而产生悲观、抑郁、烦躁、焦虑、生闷气等负面情绪，如果能抱着"煮不烂的铜豌豆""打不死的小强"此类信念，那么我们都能依靠自己的力量从负面情绪中走出来。选择性遗忘也是职场特有的生存能力，如果能把那些不开心的事情忘得一干二净，不纠结在其中，那么我们就能自由绽放，而不是患得患失。相信职场的春天最美丽，就能控制好自己的不良情绪。

成长秘笈三：学会感恩＋赞美

　　"感恩＋赞美"是职场最重要的沟通法则。一份工作，一个导师，一个朋友，都是上天赐予的礼物，只有感恩才会懂得珍惜和把握，才会换得心和心的交融。适度赞美是最实用、有效的交流工具，每个人身上都有不同的闪光点，赞美可以让这种闪光点发扬光大，同时为自己寻找合适的榜样。"感恩＋赞美"是改善职场人际关系的唯一途径，也是职场生活愉悦度的风向标，一个不懂得感恩和赞美的人，是不会拥有职场快乐的，很可能会深陷人际关系的沼泽而无法自拔。

成长秘笈四：适度奖励自己

　　职场的独立性，不仅仅指自我实现的工作能力，还包括自我激励的能力。拥有自我肯定的人一定是乐观向上的，为取得的任何进步和业绩肯定自己，那么每一天都会充满阳光，即使没有阳光也会因为期待阳光的到来而显得乐观开朗。奖励自己一件漂亮的衣服，一次特别的旅程，一本有益的书籍，不在乎价格的高低，而在于肯定自己的付出。这样小小的精神胜利法使得工作更有乐趣更有激情，不仅可以和压力说声再见，更可以让自己保持完整的个性魅力。

成长秘笈五：培养人生情趣

工作是为了让生活更美好。辛勤工作的最终目的，就是让自己的生活更丰富多彩。闲暇时可以拿上画笔重温儿时的梦想，描绘出最真的色彩，也可以自拍DV成就自己的梦工厂。情趣的培养可以化解工作带来的压力，可以培养张弛有度的生活节奏，更可以享受因生活的掌控力而带来的自信和豁达。有情趣，就会有激情，因为情趣是激发人的热情和创造的强大动力。

"职场向日葵"们的精彩故事

故事一：是金子总会发光

三年前，Rose经过了多轮筛选如愿进入了一家外资公司，由于年龄的原因她并没有马上成为项目总监，但上司非常看好她的前程，承诺会在短期内给她提供一定的培训，争取早日提升她的职位。Rose也非常努力工作，希望可以依靠自己的实际行动打破管理层的顾虑。但天有不测风云，上司因为家庭的原因在半年之后移民加拿大，为加强团队建设，公司很快招进了新项目总监。Rose

的心情有点黯然,本来可以看见的职场发展瞬间变得不甚明朗。但乐观的 Rose 很快调整了心态,与其悲哀不如自我救赎。她变得更加积极,除了和新来的项目总监进行很好的互动外,还主动帮助其他团队工作,工作之余还报名参加了 MBA 的课程学习,她觉得自己的天空更加广阔了。Rose 的淡定以及阳光的心态,终于使她收获了喜悦。当她完成 MBA 学习之后,公司也委派给她一个更重要的工作和岗位,她获得了去欧洲轮岗学习的机会。而此举被所有人认为是未来管理者的储备计划,Rose 特别感恩所有帮助过她的人,甚至包括那个没有兑现承诺的上司,因为他让自己在年轻时经受了考验。Rose 如今在欧洲总部各个部门系统学习着,她像海绵一样不断吸收知识和经验,并随时准备着为公司作出更大的贡献。

故事二:独立的合作者

　　Nancy 在一家家族企业工作超过了十年,她随遇而安的态度至今还是让很多人诧异:这个非家族成员的人为何能如此如鱼得水地生存? 而 Nancy 给出的答案却很简单:我是一个独立的合作者。在工作中她愿意服从任何人的指挥和协调,并努力将这种合作发扬光大,但在工作之余她却是一个绝对的精神独立者,她不参与任何与工作无关的活动,也不参与各种人事的纠纷,她不和任何人结盟结帮,也不会为了某种利益而放弃自己的立场。对她而言,独立的空间和独立的思维比任何物质的满足都来得重要,也正因

如此,家族的创始人开始留意观察她,甚至每一年都会单独找
Nancy 谈话聊天,询问她对公司发展、组织架构的意见。Nancy 的
独立也让公司看到了一个中立的意见和声音,因为在家族企业内
部难免有"人云亦云"的倾向,而 Nancy 的"独行侠"做派正好赢得
了公司的尊重和重视,所以她在这个家族企业成为资深的元老也
就不足为奇了。

故事三:开心果效应

　　Jenny 从一家公司的前台破格提升为总经理办公室主任,她
的成功和她的开心果性格分不开。她是一个非常乐观的人,没有
任何困难可以影响她的心情,同事间有任何需要她帮忙的地方,她
总是第一时间出手,而且不求回报地完成,所以每当 Jenny 休假的
时候,公司里就会有人非常想念她的笑声。而 Jenny 觉得自己是
一个做后勤服务的人,帮助业务部门是她的天职,甚至希望可以帮
大家多做一点,多分担一点。每次她订完机票,不仅会用短信通知
大家航班时间以及当地温度等信息,甚至不忘在大家出差用的文
件夹上贴一个粉红的笑脸:"祝旅途快乐。"记得有一次同事在外面
出差遭遇暴风雪,她一天中改了四次机票,最后还想方设法安排他
用不同的交通工具回家,当同事特地送上巧克力感谢她时,她又转
而把巧克力分了公司中的每一个人。现在她是公司的大红人,
因为在高强度的工作环境中,她那乐滋滋的工作态度成为了大家
的舒心剂。

一朵鲜活的玫瑰

Xmart 即将风靡职场！别以为它是某个超市哦，它可是当下最流行的 Extreme Smart 衍化词，倡导用一种轻松的心态面对纷繁世界，将人生的压力调到最低。有研究表明，乐观系数决定了正面能量的产生，一个人常保持正向乐观的心态，就会比一般人多出 20％的机会得到满意的结果。因此，正向乐观的态度不仅会平息由压力带来的紊乱情绪，也较能使问题导向正面的结果。由于职场女性深受生活和事业的双重压力，所以拒绝枯萎乐做绽放玫瑰的最好办法，就是让我们一起 Xmart。

Xmart 轻松鲜活的六大原则

原则一:看危机为转机

法国作家雨果曾说过:"思想可以使天堂变成地狱,也可以使地狱变成天堂。"所以职场女性首先要在思想上改变对危机的看法,看危机为转机就是最积极明智的方法。遭遇工作困难深陷压力,如果由能力短缺造成的,那么整个解决问题的过程就成为一次学习过程,并由此成为增强自己能力和发展成长重要的机会;如果是环境或其他的因素,则可以通过沟通解决。危机不可怕,怕的是失去信心。

原则二:压缩压力空间

身体承受压力的空间是有限的,所以最好的办法就是不将压力空间无限延伸。这就要求我们主动管理自己的情绪,注重生活的丰富多彩和多元化,不要把办公室里的压力带到私生活中来。或与朋友们共享时光,彼此交谈和倾诉;也可以阅读、冥想和听音乐,抽出时间多和家人共享天伦之乐;也可选择适度的运动,享受运动带来的释放和心理的稳定性。

原则三:释放时间力量

学会做时间的主人,管理好时间。用心完成工作,而不是让工作成为自己的烦心事。不可否认,工作压力的产生往往与时间的紧张感相互作用。解决这种紧迫感的有效方法是进行时间管理,即在进行时间安排时,应权衡各种事情的优先顺序,要学会"弹钢琴"。正确处理工作的主次和难易。如果一个人总是在忙于救火,那么他的工作永远处于被动之中。此外,习惯性加班或者工作延时,都是不好的工作习惯。时间的力量就是体现它的有效性,一个拥有富裕时间的人,心灵也是富裕和淡定的。

原则四:改善人际关系

不可否认,职场的压力很多来自复杂的人际关系。而加强沟通则是改善人际关系的最佳办法,将人际摩擦系数降到最低。特别是面对压力时不要试图一个人就把所有压力承担下来,可以寻求上司和主管的协助,还可主动寻求心理援助,如与家人、朋友倾诉交流、接受心理咨询等。此外,改善人际关系,必须从自己做起,从小事做起,如每天微笑面对所有人、伸出援手帮助他人,当然,也不要错过任何赞赏和鼓励别人的机会。

原则五:保持健康活力

压力和健康是相互牵制的关系。不让压力侵犯到自己的健康,就必须用更健康的精神面貌去抵抗压力,这好比是敌对势力的角逐。要学会用生理调节的方式保持健康,学会放松。最通常的方法有逐步肌肉放松和深呼吸,定期的力量锻炼和充足完整的睡眠,以及保持健康和营养。保持健康,就可以增加精力和耐力,缓解由压力引起的疲劳。抵抗压力或化解压力,需要健康和活力做后盾。

原则六：享受当下幸福

所有的压力都有一个相同的特质，就是突出表现在对明天和将来的焦虑和担心上。应对压力，我们首要做的就是做好身边可掌控的事情，而不是将时间和精力投注在未来不确定的事情上并为此焦虑。为明日做好准备的最佳办法就是集中你所有的智慧、热忱，把今天的工作做得尽善尽美。尝试为每一个小进步而欢呼，为每一个小成功而喝彩，就会减少焦虑，享受到当下的小幸福。

女性要想在职场轻松鲜活地生存，还必须做到"四不要"。

Xmart 四不要

一不要：不要做无谓的承诺

一旦做出承诺，无论付出多大代价都要履行，因为个人信誉关乎职场生存大计。承诺得太多，自己背负的责任就会更多，对那些过于挑战自己能力极限的、那些没有意义却耗费大量时间和精力的承诺，请尽早放弃。只有这样才能安心做好自己的本职工作，减少不必要的麻烦和压力。

Monica 曾是行政部的一名职员，她心地善良、乐意助人，有时她会答应帮忙别人一些并非职责范围内的事情，并且承诺完成的时间。久而久之别人都会把一些工作分摊给她，当越来越多的任务出现时，Monica 开始力不从心。结果在众多承诺背后，她患上了重度的烦躁症，不仅很多工作不能完成，还成为很多人的替罪羊，Monica 背上了沉重的心理负担。

二不要：不要加入坏情绪的传染链

不要将自己不值一提的伤痛和失望传染给周围的人。压力是无形的传染病，不仅影响自己也影响他人。所以在做到不传染的同时，也尽量不受外界的坏情绪影响，专注于自己眼前的任务。

Ada 本来是销售部一名得力干将，但自从一场大病之后她变得有点像"话唠"，见人就说自己生病期间得到的不公正待遇，刚开始有同事还同情她一下，几个月之后别人见了她就想躲，因为好端端的工作心情被她一抱怨就给毁了，渐渐地她就成了部门中不受欢迎的人，被孤立后的她变得更加落落寡合，最终被诊断患上忧郁症。

三不要：不要做"攀比族"

女性最容易犯的错误是攀比，比漂亮，比气质，比学历，比家境，比待遇，比职位……越比越糟糕，因为在攀比的过程中都是用相当偏激的眼光去看别人的长处，反而忽略了欣赏自己的长处。攀比族有着永远不满足的心，于是也萌发了永远激进的心，其实在职场不是每时每刻都要与他人竞争，更重要的是和自己竞争，这恰是很多职场女性的软肋。

Lina 是一个自我条件相当不错的女性，在银行任职高位、领着高薪，但她一点不快乐，因为她从不满足现状，她总是拥有假象的"对手"，那个 Ta 有比她更高的学历，那个 Ta 有显赫的背景，那个 Ta 比她更得老板的宠爱,那个 Ta 比她早受到公司的栽培……于是 Lina 就成了折磨自己的高手,不断要求自己获得更高的学历,结识显赫身份的名人,与同事明争暗斗地争宠……最终也被自己攀比的压力打垮,成为心理诊所的常客。

四不要:不要成为"牺牲品"

很多职场女性甘心做绿叶,这本是值得赞扬的一件事,但必须注意把握相应的尺度,不然容易成为"牺牲品"。有时牺牲的是时间,有时牺牲的是待遇,有时牺牲的是发展的机会,还有的牺牲成为了"替罪羊"。这样的女性不仅无法享受职场的快乐,反而过早耗尽了自己的能量,过早地枯萎。不成为"牺牲品"的方法,就是建立自己的价值观,并用这样的价值观行事,坚持自己的原则。

Winnie 是上司一手栽培的新人,因为感恩上司的缘故,她承担了上司所有的任务,包括公事和私事。在过去的两年里,她无数次加班,放弃自己的休息,为此还被男朋友误解而分了手。她把上司的工作大包大揽,结果非但没有得到公司的认同,反而在上司受到信任危机时,她首当其冲被公司辞退。Winnie 原本以为自己可以忍耐和牺牲,能求得安全。但事实告诉了她,这样的牺牲不值得,不仅让自己处于被动、委屈和不安之中,而且还危害到她的身心健康。

办公室 Xmart 小贴士

- 积极参加集体活动,比如庆功聚餐,年终 K 歌等。

- 主动和工作伙伴分享自己的快乐,比如分享旅游的照片,宠物的故事等。

- 每天给自己一句鼓励的话。

- 在办工桌上摆放一盆小花。

- 电脑保护屏幕上放下一站度假目的地的照片。

- 每天抽出工作时间让头脑小憩一下,发呆几分钟。

- 利用办公桌椅做健身操,转转身弯弯腰,练练深呼吸。

- 合理安排时间,减少加班,把周末留给亲人。

- 不吃垃圾食品,选择有机午餐。

- 不为讨好他人而工作,不给自己工作无限加码。

- 对自己工作的失误不耿耿于怀,懂得放过自己。

- 为自己每一次的进步和提高而庆贺。

- 在网络虚拟空间,吐吐工作压力下的苦水。

- 提高工作效率,让自己变得游刃有余。

- 懂得合理表功,让主管看到自己的努力。

- 不随便评论他人的工作,用积极正面的眼光看待他人的业绩。

黄色潜水艇:潜力隐形人

经典电影《黄色潜水艇》是一部富有想象力和趣味性浓厚的卡通片。故事讲述披头士成员保罗·麦卡特尼在半睡半醒之间隐约来到胡椒城,在这片讨厌音乐的地方,披头士的出现为该地带来了生气,最终以音乐解放了整个城市。至今我印象最深的就是片中Fred驾驶着一艘黄色的潜水艇,请来披头士四人,并击败了邪恶的蓝色恶人。至此在我的心目中黄色潜水艇就成了一种隐形力量的象征。如今当我发现身边很多身在职场的朋友为自己的隐形现状而苦恼时,我的脑海中突然就蹦出了"黄色潜水艇"。黄色潜水艇虽然深藏于水中,但它时刻准备浮出水面,并以阳光般的姿态直达胜利的彼岸。职场的隐形人其实大可不必因为暂时没有人关注,暂时没有人在意,就开始怀疑自己存在的价值,要相信自己就是那个最有潜力的黄色潜水艇,日后必将走俏职场。

解读黄色潜水艇法则

法则一:把隐形看作暂时的过程

在职场成为"隐形"人的原因有很多种,不外乎外部和内部之分,外部原因通常是由公司人事变动带来的结果,或者由行业结构和公司业务的调整所引发,或者由一些突发的事件导致;内部原因则完全和个人因素有关,可能是知识更新的问题或者个人的工作心态和情绪变化导致了被隐形,也有一部分性格特别内向的人因为不合群没有及时融入团队而被忽视甚至被游离在团队之外。短时间看职场隐形是一种结果,但对漫漫职场路而言这只是一个过程。所以千万不要把隐形看成是一种"末路",或许这是"拯救"自己的唯一出路。

Mandy曾经是培训公司最顶尖的培训师,以往每一年的课程都排得满满的,而且无数次被客户"钦点",所以 Mandy 一直是公司捧在手心里的宝贝。但从今年上半年开始 Mandy 的工作量明显减少,而且公司销售主推的课程也不是 Mandy 的核心内容,渐渐地 Mandy 发现公司有意在培养另外一个新人,而自己慢慢地就被边缘化了,甚至大会小会上老板连她的名字都不再提了,为此曾经是公司红人的她非常苦恼。但好强的 Mandy 并没有由此气馁,而是利用宝贵的"空闲"去更新自己的培训内容,她等待着重新回到主战场,无论是老东家还是新东家,她用这段隐形的时间修炼着东山再起的资本。

法则二:守住自信提升价值

身在职场,要时刻清醒自己的价值,无论是在最风光的一刻,还是在最失落的瞬间。只有对自己有信心,才不会被所谓的"江湖地位"所左右。用自己的价值说话,这是职场发展的永恒定律。

Michelle曾是一个美丽的海归,回国进了一家大公司后被上司推崇备至,她本人也如鱼得水,工作效率极高而且业绩出色。四年后她的上司跳槽,新上司对她防备重重,甚至在很多时候有意排挤,Michelle失去了核心位置,成了一种摆设,渐渐地成为公司的"闲人"。在内心最纠结的时候,Michelle为自己写下了清单:强项和弱项,并理性地分析自己去留的得失。经过这番评估后Michelle发现自己的学历和工作经验是很有优势的,此地不留人自有留人处,于是她没有被"所谓的隐形"阴影所笼罩,自信满满地自荐去一家实力更强的公司,并成功完成了更上一层楼的心愿。

法则三:边缘后的重振威风

职场的隐形人通常也是边缘化的表现。它存在三种可能,第一是不被重视受到冷落;第二是远离核心业务,处于自生自灭的状态;第三是逍遥在外无所事事。无论是处于哪一种形式,心态最重要。好的心态或许能将劣势变优势,将困境当磨难。

好强的Janette不幸成了公司一次权利斗争中的牺牲品,本来仕途大好的她一下子成了边缘人物,她开始远离了核心业务,被调到一个分支机构,并且要自负盈亏。Janette 哭了几天后,终于想明白如果此时走人是最简单的方法,但是没有展现自己的实力,不如接受考验去分支机构一切从头开始。因为是边缘的业务,公司没有任何投入当然也没有人关注,她作为隐形人,却得到了额外的自由空间。她带领团队开始努力拼搏,令人意想不到的是,她的外贸业绩越来越好,当金融危机来临的时候,公司核心业务受到了猛烈冲击,她的边缘业务却有声有色,甚至成了公司的一朵"奇葩"。Janett 呢,重新回到了管理层的视线中,甚至有人还为她当年的不公待遇打抱不平呢!Janette 终于笑了。隐形人的磨炼让她感受到了成长的滋味。

法则四:自得其乐隐形生活

职场隐形人不是少数,但能享受隐形生活的人却不是很多。能够自得其乐于职场隐形生活的人,情商一定很高。

说说 Rain 的故事,过去几年她一直天真地以为自己是公司里最不能缺少的那个人,所以为公司没日没夜地工作,甚至不惜影响自己的健康。风水轮流转,有一天她突然被调岗,去了公司最不繁忙也不重要的部门,这个曾经的公司优秀员工突然变得隐形而无生机。Rain 的失落人人看得见,后来她在朋友的开导下调整了心态,决定享受不用加班不用出差的日子,甚至她还报考了一所重点大学的 EMBA。虽然在公司不再是红人,也不受上司们重视,但

Rain 的生活却变得丰富多彩了,她有了更多的朋友,更多的娱乐生活,以前在重压之下的焦虑烦躁一扫而光,像换了一个人似的光彩照人。现在的 Rain 马上就要拿到 EMBA 证书了,她很庆幸拥有了这段隐形生活。

职场隐形人成为"黄色潜水艇"七大攻略

攻略一:调整心态

隐形人的心态最重要,能够审视自己心理状态就能够找出"被隐形"的真正原因。抱怨和消沉是无济于事的,积极的心态反而让"隐形"变得不那么难堪。

攻略二:扬长避短

梳理自己的知识和经验,激活潜在的价值。用自己的长处发光发热,这样要想隐形都很难。

攻略三:锁定目标

好好完成自己的职业规划,牢牢锁定自己的职业目标,无论遭遇多少困难都努力奋斗,不言放弃。有目标的人是最能"潜伏"的,越是隐形越是努力,不弃不馁,才有机会赢得最后的成功。

攻略四:提升能力

有计划地参加一些有助于职业生涯发展的培训,提升个人专业技术能力和综合能力,保持职场竞争力。隐形的日子看上去平淡,其实是最佳的养精蓄锐时机。能力强了,暗流涌动的机会也会随之变多。

攻略五：勇于担当

主动扩大自己的工作范围，主动担当一些自己力所能及的工作，尽可能向上司展现个人的能力。权且把这种义务劳动看成是慈善，帮了大家，同时也帮了自己。

攻略六：充分沟通

与上司充分沟通，与同事多加交流，打开更多的人脉网络，在沟通中寻找被赏识的机会。隐形人最大的失误就是躲在深水处的消极自闭。打开心扉，一切皆有可能。

攻略七：果断抉择

经过深思熟虑发现隐形的成本很高，也没有任何新的机会，那么果断自救。主动放弃目前的隐形生活，寻找一个被发现、被重视、被认同的工作平台。

别以为只有职场高手们才会被边缘化成为隐形人，其实初到职场的年轻人也可能被"隐形"，因为职场这片海洋太大，未必每一个人都能受到重视和提携，所以只有拥有"黄色潜水艇"特质的人才能唱着歌征服世界。

职场新人避免"被隐形"的提示

• 穿衣打扮要有自己的风格。不能太保守也不能太幼稚。阳光但不媚俗的颜色容易让人发现潜在的生机和活力。

• 积极参加公司活动。越是集体活动的积极分子，越是容易和团队融洽关系。很多个人的品质和才能都是在团队活动中被发掘出来的。

• 勇于坐前排。开会时要勇敢地坐前排，而不是躲在不易被人发现的角落。即使不参加讨论，也要积极地聆听，并与发言人有眼神交流。

• 选择积极用语。在日常交流中避免用消极、否定词句，如"我不能""我只不过是"等。只有自信的人才会吸引人，积极用语也能给自己很好的心理暗示。

• 适时赞美。赞美是情感的润滑剂，它不但能拉近人与人的距离，而且会带来友好的互动，消除隐形者的心理阴影。

• 脚踏实地。即使一不小心被隐形了，对新人而言，只有用更脚踏实地的态度，积极向上的精神风貌工作，才能重新赢得重视。

缩短职场黑色隧道

自从开车走过山路之后，对黑色隧道有了全新的认识。它们是整个旅程中不可躲避的部分，也是通往目的地的必经之地。潮湿，昏暗，甚至失去任何信号包括智能的导航仪，因而每一次穿越隧道，从人的心理而言是希望尽快"重见光明"。为此联想到职场之路，发现有着异曲同工的"黑色隧道"。行走在职场之路上，短则数年，长则几十年，难免在不同的时间不同的境遇中面临压力、不公平、恶意攻击、失望和负面情绪的影响，好比驶入了令人不舒服的"黑色隧道"。

如何缩短黑色隧道的路程，如何应对黑色隧道的心理压力，这里介绍八大能力供职场人分享和借鉴。

轻松应对黑色隧道八大能力

能力一:职场定位的能力

卡耐基说:"我非常相信,这是获得心理平静的最大秘密之一——要有正确的价值观念。"一旦确立了人生价值观念,那么对自我角色的认定和追求的目标就会有一个清晰的了解。有了这些最基本的准备,保持心理的平静就不是一个难题了。职场人拥有了定位能力,就好比拥有了高效智能的职场导航器,在任何环境下都不会迷路,更不会轻易掉头,有职场定位就能在不利的情形下坚守下去。

能力二:心态调整的能力

大作家雨果曾说过:"思想可以使天堂变成地狱,也可以使地狱变成天堂。"危机思想人人都有,但危机也是转机,尽量以正向乐观的态度去面对危机。据有关数据显示,一个人常保持正面乐观的心态,处理问题时就会比一般人多出 20％ 的机会得到满意的结果。因此正面乐观的态度不仅会抚平不必要的紊乱情绪,而且更能使问题导向正面的结果。调整心态就是及时扭转负面影响。

能力三:平衡自己的能力

职场上平衡自己的能力主要表现在主动管理自己工作和生活,在工作之余一定要注重业余生活,不要把工作上的烦恼带到私人时间。留出休整的时间与朋友共享,通过交谈和倾诉获得内心的安宁,适宜的运动也可增加理性和冷静思考的机会,从而增加身心的健康,在平衡中获得更多的能量和力量。

能力四:舒缓抗压的能力

所有的压力都有一个相同的特质,就是突出表现在对明天和将来的焦虑和担心上。舒缓并抵抗压力的最好办法就是不去担心遥远的不确定的因素,而是尽量做好当日手边的事情。只有集中所有的智慧和热忱,把今天的工作做得尽善尽美,才能获得工作的满足感。职场舒缓抗压的能力就是让自己享受眼见为实的胜利成果。

能力五:知错认错的能力

自我批评自我反省是一种很高的悟性。职场遭遇的不快乐,未必是他人原因造成的。有很多时候职场人会因为疏忽细节或者个性的缺陷而造成不必要的隔阂和摩擦,或者给工作带来不利因素。这一切最好解决的办法便是知错认错,在哪里跌倒在哪里爬起,在反省中成长。

能力六:合理交锋的能力

在职场要与各种喜欢或不喜欢的人交手,与其说这是一种忍耐,还不如说这是每天都必须经历的磨炼。一味躲避只能带来更大的挤兑,所以最合理的交锋有时可以化险为夷,化敌为友。以事论事,以理服人,才能使自己立于不败之地。职场人际关系的紧张绝对是黑色隧道的重要组成,尽管可以不冲撞不冒犯,但要懂得为自己赢得尊重。

能力七：自我提升的能力

职场的忧患意识来自对工作内容的不熟悉，对目标的不明确。要减少这样的忧患，唯一的出路就是提升自己，缺什么补什么，多去了解和发现。培训和在职深造都是不错的选择。积极参与自我提升，就能增加自信心，增强走出职场黑色隧道的决心。

能力八：管理时间的能力

职场的紧迫感源自对时间的失控，工作压力的产生往往与时间的紧张感相生相伴。管理时间就是权衡各种事情的优先顺序，要学会合理分配时间资源，对工作要有前瞻能力，把重要的事放到首位，不做被动的救火队员，这样就能将工作做得游刃有余。

黑色隧道会不定时地出现在职场，但也不是没有任何征兆可循，这里介绍三大现象教你如何识别黑色隧道的到来。

识别黑色隧道三大现象

现象一：上司走人

习惯了一起工作的上司突然离职或者另谋高就了，原本的格局就会被打破。于是职场人难免会有担忧和不安，如果此时还正好有其他的风吹草动，那么心情就会更加糟糕。面对可能要踏入的"黑色隧道"，最好的办法就是以静制动，以不变应万变，等到一切水落石出的时候再做决定。千万不能无故慌张或者情绪低落，成熟的职场人士要用成熟的办法面对上司走人的困境。

Mandy 最近就遭遇了黑色隧道,和她一起工作了五年的上司突然离职,之前也没有任何征兆,当她得知这一消息时很是惊讶,因为上司一直鼓励 Mandy 在职场更上一层楼,还许诺了很多未来发展的空间。上司的突然离职,让办公室顿时谣言四起,听说接任者很快到位,而且他将组建全新的团队,Mandy 第一次面临被淘汰的危机,所以她陷入了夜不思寐的恶性循环。她甚至不愿意来公司上班,因为很多人传言 Mandy 是上司的亲信,接下来可能消失的就是她了。

这是一个非常艰难的阶段,职场专家给 Mandy 的建议是坚守自己的岗位,做好自己的本分,完成公司交给的任务。

现象二:成长有障碍

职场论资排辈是常事,痛苦的不是在资历不够的时候没有发展机会,最痛苦的是资历够了,却发现自己往上走的能力有了缺陷。于是在前进还是待在原地之间纠结痛苦,既不想放弃未来前景,又担心不能逾越障碍。这样就慢慢走进了黑色隧道。

Sandra 在一家公司的人事部任职多年,工作勤勤恳恳,是一头典型的"老黄牛",虽然付出和得到不尽对等,但她还是耐心等待着更多的发展机会。上星期公司突然有了一个空缺的新岗位——亚洲营运总监,听说总部也有意从人事部里提升员工,原因是相关核心业务比较接近。Sandra 是大家公认的合适人选,但面对这样的机会,Sandra突然开始害怕了,因为她发现要使公司业务从中国区走向亚洲区,英文水平要求高多了,还要面对那么多不同国家的员工,她一下对自己产生了怀疑,但是面对新机会她又不甘心就这样放弃。当总部给她新一轮的培训和测试后,患得患失的Sandra不幸败下阵来,她为此羞愧不已,自己也掉进了情绪的低谷。

面对这样的黑色隧道,职场专家给予的建议更有意义,在现有的领域安心工作,争取做到最好最专业,让人无法取代。

现象三:无故掉队

很多人在职场发展的不同阶段所表现的能力和价值是不一样的。随着时间的推移,有些人会止步不前,有些人却能迅速突破。最糟糕的事情就是在自己尚未感知的情况下莫名其妙地"被掉队了",这时就会面临黑色隧道的困惑了,第一心有不甘,第二怀疑猜测被人挤兑了。其实这时最好的办法是冷静反省,从自身出发了解自己掉队的真正原因好过对他人的怨恨和仇恨。

Brenda在一家民营企业工作了十余年,是老板眼中的忠臣加骨干,她自己也有明确的职场定位。这家民营企业因为有四个合伙人组成,所以公司里不自觉地就能有两个小阵营存在,Brenda在预算部门工作,平时也不参与任何办公室的政治,偶尔在午餐时听同事们聊公司的八卦,她也是从来不上心,自以为这和她没有任何关系。不料最近公司收购了新公司之后,开始了新一轮的改组,等到改组方案出来后 Brenda 才发现自己掉队了。不要说不是核心，连原来的职务都难保，后来一打听才知道两大阵营都希望在核心部门安插自己信得过的人，Brenda 的中庸主义结果使得两大阵营都没有把她收编在里面。Brenda 的痛苦就可想而知了。

职场专家给出的建议是，在这个黑色隧道里 Brenda 首先要保持冷静，其次评估自己是否在新的结构中有发挥才能的机会，最后再做抉择。当然 Brenda 也可以主动与两大阵营的代表沟通，表明自己的专业能力和信心。

穿越"黑色隧道"的六个妙方

- 镇静应对，不慌乱不张狂不消沉。
- 寻求职场导师或者专家的指点。
- 为自己点一盏灯，积极鼓励和激励自己。
- 舍得放弃，预见更光明的未来。
- 拾遗补缺，让危机变成一次机会。
- 做时间的主人，规划自己的职场人生。

职场糗事变身法

如果让职场人来晒晒职场糗事，肯定会满满一箩筐，因为能晒的糗事实在太多。

典型职场糗事

典型糗事一：她的名字叫"没有"

有一年公司招了一个临时的前台来帮忙，她是一个高个子的北方姑娘，为人豪爽，嗓门也足够响亮。香港老板为了方便和她沟通，便问她有没有英语名字，她用卷舌音标准地回答了一声：没有。香港老板点头称赞道：Male。不料几天后老板通知 Male 来打印一份资料，前台扯开嗓门叫道："谁是 Male？老板有请。"叫了半天没人响应,这下把老板弄得有点尴尬。等前台反应过来是老板叫她时,露出了不好意思的笑容:"老板,你什么时候帮我取了这样好听的英文名字啊?"老板听了更是哭笑不得。幸好性格大条的前台将错就错在众人面前宣布:"我的英文名字叫'没有'。"虽然只有短短的 6 个月临时工作,但"没有"还是给大家带来了快乐。没有"没有"的日子还真让大家想她呢,特别是那个香港老板——提起"没有"就忍俊不禁。

典型糗事二:什么叫做水印纸

　　早几年进入外企的时候,好像每一天都在学习新事物。那天公司总部总经理造访中国,为了给一些部委领导送文件,Denise 被要求用老板亲自从总部带来的特殊水印纸打印老板给部委领导的信。不料那天打印机特别刁难 Denise,不是卡纸就是死机,结果折腾了大半夜,水印纸用完了信却只打印出了一半,Denise 急得眼泪都流了出来,她知道自己要完不成任务了,于是半夜打电话向师姐求助,如何在中国找到老板用的水印纸。睡意蒙眬的师姐有点不爽:"一模一样的水印纸肯定没有了,能混先混吧。"Denise 一下子哭出了声,这下要被炒鱿鱼了! 但是师姐的话也提醒了她,能找到水印纸即使不完全一样也没有关系,总比交不了差要好。镇定之后 Denise 查到有个中外合资的印务公司第二天 8 点开门,她一夜没睡一早就冲了过去。最终她找到的水印纸虽和总经理带来的不一样,但如果不是仔细核对也不容易辨别,于是她直接用新的水印纸打印了总经理的信,并在上午10点送到了总经理手上。公务缠身的总经理根本没有核对水印,就直接签了字,而 Denise 悬在半空中的心终于落地。多年后在总经理的退休晚宴上,Denise 说出了真情。总经理笑开了怀:"水印纸还有不一样的水印?"原来他也不是这方面的专家。

典型糗事三:大小 Mary

　　Mary 在公司做了很多年,以前有新同事来公司报到,如果取名 Mary 的都会被规劝改名字,反正名字只是一个符号,所以后来的同事就再也没有叫 Mary 了,相安无事了好多年。结果今年公司来了个海归叫 Mary,她不愿意改名字,因为她的老公是老外,叫惯了她的名字,这下麻烦就多了。好几次海归 Mary 的老公来电转到了 Mary 的座机上,听着电话里的"darling,darling",让自己还是剩女的 Mary 非常恼火,好像对方是一种不怀好意的挑衅。再说那边海归的 Mary 也很窘,好几次接待了来访的客人,谈了十分钟后发现找错了人。直截了当的她找到了 Mary,提议不妨用大小区分一下吧。可麻烦还是接踵而来,按资历,原先的 Mary 应该叫大 Mary,海归的 Mary 理应是小 Mary。可偏偏按个头算,海归 Mary 吃西餐喝牛奶长得人高马大,怎么看都应该叫大 Mary。如果连名带姓称呼吧,海归 Mary 老公的姓很多人也发不清楚,于是也就只能爱怎么叫就怎么叫了。反正大小 Mary 搞错的故事天天都有,直到海归 Mary 重新出国。

职场糗事不可怕,有时糗事还能变好事,所以应对糗事的方法很重要,这里介绍六大应急高招。

应对糗事六大高招

高招一:放过那些非原则的糗事

办公室遭遇糗事,很多时候是和人的性格、脾气有关。只要不是原则的问题,就应该轻轻松松地放下,而不是耿耿于怀。越是释放得快,越能化解糗事带来的尴尬境地。曾经有一个运动品牌公司,每周一要求员工去公园做运动,结果一女生遭遇生理期,向会说一口流利中文的老外上司请假,理由就是"今天大姨妈来了不方便运动",不料上司什么都学过就是没有学过"大姨妈"这一词,于是不知深浅的他当着众人说道:"大姨妈来了,那就让她一起来看我们运动啦!"众人大笑,女生不知如何是好,结果大姨妈的故事就成了公司同事间的八卦素材。其实最简单的方法就是当着众人的面,告诉上司"大姨妈"是俚语,就是女生的生理期。千万不要因为"这样的事情"而和上司闹矛盾,成年人要用成年人的方法处事。

高招二:将糗事变喜事

现在送花到办公室来的人越来越多,特别遇上那些追求者狂多的女生生日,公司简直可以开鲜花店了,从第一正选男友到最后备选男友都使出浑身招数来博美人欢心。但常常也因此发生糗事,就是几个男友撞车了。如果遇上这样的情况,不妨把生日会变成公司聚会,邀请自己相熟的女生一起吃饭,K歌,把那些优质男介绍给办公室的女同事,这样既解决了糗事,同时也能成人之美。千万不要当众发威或者发飙,这可是秀出自己情商的最好机会啊。

高招三:不要过于自责

生活中谁都可能犯错误,即使是很低级的错误,只要不是造成很恶劣的影响,都可以一笑了之。曾经有一个公司的高层女性,平时严肃加严厉,手下的同事们见到她就像老鼠见到猫。可那天晨会刚开始,一向端庄强势的女高层坐着大班椅上发言,有可能用力过度,只听"嗞"的一声,女高层紧身上衣左侧撕裂开了一条缝,同事们都憋不住要笑出声了。这样的糗事对自我要求严厉的女高层而言不仅是窘迫,更是脸面问题,随后的好几个星期她心情都不佳。其实换一种方法,她就可以化解尴尬,比如当众自嘲一下,然后可以主动问下属借备用的衣服,既缓和了气氛,也流露出女人可爱的一面。记住,面对糗事不用自责,反而是自我调节的机会。

高招四:幽默加诙谐

有时发生的糗事不是以个人意志为转移的,当发生的时候最好可以用积极的心态去看待这件糗事,尽可能表现出自己幽默诙谐的特性。就好比那个叫"没有"的临时前台接待员,如果她对这个名字表现出相当的反感,并对香港上司口诛笔伐,只能带来更多的麻烦,取个"没有"的英文名字反而让大家记住了自己的宽容大度和幽默。没有的名字别人没取过,就算自己的一个标志又如何。

所以最后"没有"还成了公司的开心果,在她离开多年之后只要一想起"没有",众人还是乐不可支呢。

高招五:巧妙转移话题

现在大龄男女经常会参加相亲活动,甚至是那些"六人晚餐"。但是世界还真小,本来同事间在网络虚拟世界里结交朋友也不影响他人,但线下的约会活动可就容易遇上糗事了。某公司有一个剩女,本身自恃清高也瞧不上身边的异性,后来被公司同事取了个外号——冷玫瑰。冷玫瑰有一天参加了一个线下约会活动,不料和同事某男撞车,一同成了约会桌上的客人。糗啊糗,但冷玫瑰毕竟是见多识广的人,很大方地和同事握手,而且一本正经地介绍自己,倒是同事某男像是犯了错误,得得瑟瑟一改往常的淡定。冷玫瑰面对他抛来的问题,都用巧妙的方法回答了。第二天回到公司,某男还想继续和冷玫瑰聊聊约会的事,不料冷玫瑰在办公室一点不含糊,既不顺着他的问题,也不给他所谓的答案,好像根本没有参加过线下约会这件事,结果某男只能自讨没趣一把。

高招六:糗事健忘症

在办公室遭遇糗事,也没有什么大不了。有人一不小心把给情人的短信发给了老板,有人把自己私人的邮件甚至还有照片的附件群发给了大家,还有人在公务活动中喝得酩酊大醉结果一派胡言乱语,全然没了职场人的身份……当糗事发生后减少影响力的方法就是健忘，千万不要自作聪明想做弥补，通常越补越糟，如果大家的记忆不被提起，那么时间一久事情就被淡化了。咄咄逼人地处理糗事，不如装成失忆和健忘，难得糊涂也是一个高招，只是要在以后的日子里不要让类似的糗事重演，这才是明智之举。

糗事不可怕，有智慧便可使糗事大变身。

巧干得人心

时代变了，办公室里的老黄牛不吃香了！努力工作不等于埋头死干，累己又累人的方法 out 了。现代办公室讲究效率，结果一定重于过程。所以我们不妨动动脑筋，让自己不累死也让同伴不累倒，smart work 就是我们倡导的主张——既巧干又得人心！

以下介绍巧干的五大金点子。

机智巧干五大金点子

金点子一：三思而行

有时我们为了表现自己的积极努力，总是一头扎进事务堆里，其实我们犯了一个致命的错误，就是在没有想清楚之前已经开始动手了。要增加效率提高业绩,最好的办法就是先思而后行,想通想明白了再做。思考的过程其实也是执行的一部分,思考的价值远比简单的执行要来得重要,因为思考是智慧的表现。对公司的领导层而言,多一个脑袋比多一双手、多一条腿来得更有意义,这也是将来晋升的筹码。

金点子二:发动群众

不要幼稚地以为办公室也是一个可以"骑单车行世界"的地方,一味的单干只能被视为没有情商,现如今团队的作用比任何时候都显得重要,更何况上司们也绝不会把业绩和功劳加冕在一个人头上。所以要想巧干,就要发挥周边人的力量,调动每一个人的积极性,让集体的能量发挥作用。别以为这样会忽视自己的价值,恰恰相反,你的领导力亲和力已经在不经意中发扬光大了。

金点子三:发挥长处

我们提倡学习中工作,工作中学习,但这不等于我们要冒险去做自己不擅长的工作内容。最有效率的行事方法就是将自己的长处发挥到明处,这也是省力省事的方法。特别在关键时刻,用自己的长处应对困难,是最容易突破困难的,否则不仅得不偿失,也会拖累团队,影响工作效率。个人的长处绝对是自己的核心价值,要想提升短处,千万不要在众人面前操练,有机会自己一个人好好补缺。

金点子四：勤能补拙

承认自己不是全能高手吧，这在心理上会让自己留有余地。首先我们会更尊重强者和能者，其次我们也会说服自己用另外一种形式去弥补拙劣之处。哪怕是简单的送水倒茶，同样体现了自己的服务精神和团队意思，千万不要忘记利用这些机会去展示自己勤快的一面，这样一来自己的弱势反而显得无伤大雅。最愚蠢最忌讳的就是在自己能力不及之处，还要瞎掺和，不仅露短还招人嫌。所以当专业技能有落差的时候，请记住可用自己勤快的态度去弥补。

金点子五：最佳时间

巧干可以减少时间的消耗和精力的消耗，所以巧干这一方法在执行的层面上，难免要提到一个重要的因素，就是选择最佳的时间。"在合适的时间做合适的事情"本是中国一句老话，其实也很适用今天的办公室生活。有人懂得巧干却不懂得在合适的时机表现自己的巧干，这等于浪费了有效的资源，所以要记住巧干是要有参照物的，当别人在蛮干的时候，当事物遭遇瓶颈的时候……你的巧干才有用武之地。

巧干能手的职场故事

Lucia从国外留学回来，应聘进了某政府机构代表处。聪明伶俐的她很快适应了环境，不仅干活麻利而且深得领导层喜欢。原来她的办公室哲学就是"easy going（随和）"，她总是有着不急不躁的工作态度，遇到上司分配的工作，先用脑子过滤真正的需求，并不急于表现自己的能力。遇上自己的短处，她总是诚恳请求其他同事出力帮助，当然她也懂得如何回报大家的帮忙，买个下午茶招待大家是小事，如果遇上同事们加班，她也不忘把所有外卖电话贴在告示板上方便大家。她上司的外语能力没她强，所以只要总部有人来，她就像贴身小助理，帮着老板前后打点，老板自然对 Lucia 的努力看在眼里。Lucia 总结自己的巧干经验时表示：巧干就是动脑干活！

"三心二意"走俏职场

"一心一意"的职场生存法则 out 了。根据最新的职场调研，职场的生存和发展需要多元化的技能，其中专业知识、人际关系、抗压能力和职场规划列入前位。如今一个简单的"一心一意"被"三心二意"所取代，即必须有"包容心""忍耐心""好奇心"以及强烈的职场"意愿"和强大的"意志"。"三心二意"涵盖了情商、智商的全要素，被称为全新的"职商"。

让我们一起来解构一下"三心二意"的全景图。

为什么要三心合一

以往的入职教育都要求人们要怀着一个热忱的事业心，但在现实的生活中，光有事业心是远远不够的。在职场的各个时期，我们都会面临不同的问题、不同的困境、不同的疑惑,特别在充满竞争的环境里,我们还会有很多纠结和挣扎。面对职场,除了事业心,还需要其他的心理准备,很多人在职场发展不顺利,甚至面临很多的失落感,原因在于自己的心理不够强大。所以要想在职场稳妥发展,就必须时刻保持包容心、忍耐心和好奇心,只有这三心合一了,才会让事业心和个人能量发挥到极致。

什么是"三心"

包容心决定了一个人宽容、妥协以及迂回前进的能力,这份包容既是宽待自己也是善待他人的核心。一个人若没有善良之心的话,是无法立足世界的;而忍耐心则决定了一个人的持久力和耐力,如中国房产大鳄冯仑先生所言,这个世界最成功的人就是能一直坚持到最后的人。很多人半途而废的原因就是缺乏耐心,职场的成功无法复制,职场的耐心更是无法 copy,一千个人有一千种耐心的方法,但有一点值得借鉴的就是,在职业顶峰时守住自己激荡的心,跌落低潮时更需要守住自己低迷的心。忍耐心也包括了在遭受委屈不平时对自己的鼓励。好奇心则是对世界时刻保持着激情,对新生活新发展充满着热忱,永远对未知的明天有一份期待,才会使自己获得源源不断的生机和生命力。

为什么要"二意"

"二意"指意愿和意志,这里的意愿和意志其实涵盖了人的两大品质：一是要有强烈的意愿和理想。没有理想就没有憧憬,也就没有主观能动性,同时也反映了人的高度社会责任感,那些强烈的意愿一定不仅仅是金钱和财富的意愿,那是一种巨大责任带来的愿望。二是要有强大的意志和奋斗精神,人的意愿和意志决定人的态度和行为。拥有这"二意"才有可能让事业蓬勃发展。有些人光有意愿没有意志,则无法达到胜利的彼岸;而有些人没有意愿只有意志,那充其量也只是一个没有方向的行走者。360 的首席执行官周鸿祎曾经说过,他的事业能够成功,靠的就是他执著的目标和超人的意志力,因为在创业初期的那些年,他每天都可能产生放弃的念头,但在坚持的信念下最终完成了"250＋110"的网络警察梦想。

为什么是"三心"加"二意"

　　"三心"是一种心理状态,而"二意"是一种精神状态,当心灵和精神结合的时刻也就是个人能量发挥到最大的时候。如果我们拥有了职场的"三心二意",我们会有很好的职业规划,会对新事物保持好奇心,也就容易产生创新的能力。而超强的意志又让我们在困难、失落时保持一颗忍耐的心,最关键的是我们在职场的人际关系中,学会在坚持和妥协中和谐,在竞争和友爱中成长,在发展和回归中取得平衡。所以"三心二意"是继"情商""智商"之后又一重要的"职商",是职业发展的"护身符"。

职场"三心二意"故事大盘点

故事一：退一步海空天空

Alice 从瑞士留学归来之后，成了全球知名酒店管理集团的中国代表，她全身心地投入工作，没日没夜工作。由于她的努力，她所在的集团很快进入了中国市场，很多项目都谈判成功。Alice 满心欢喜，因为她是一个有着强烈职业愿望的女性，甚至希望在有生之年完成做中国酒店业老大的雄心。然而她的奋斗精神也让同事们饱受"女强人"的痛苦，因为她的完美主义几乎达到了苛求的状态，让同事们很难接受。酒店总部也听到了相关下属的微词，正好亚洲区人事有变化，总部空降了其他人来中国做亚洲区总裁，这样 Alice 就沦为了二把手，为此她非常不高兴，一度想辞职。就在这时，Alice 遇上了一个职业指导师，导师告诉她职场发展是有阶段性的，每一个阶段承担的责任和义务可能不同，重要的是作为一个职场人要有包容心和忍耐心，当企业壮大后需要更多的人参与管理，也需要与不同领域不同背景的人合作，职场没有一枝独秀的可能。与其为了所谓的功劳和苦劳与自己过不去，不如利用公司现有的改革，勇敢接受这样的事实，并重新规划职业目标。Alice 听从了职业规划指导师的建议，并耐下心来审视自己过去的六年，不得不感慨自己还是忽略了很多东西，她释怀了。于是她很好地配合了亚洲总裁工作了一段时间，然后向公司提出了去海外集团轮岗的要求,总部采纳了她的建议,并把她选送到了澳大利亚轮岗。现在 Alice 重新回到了中国,这一次她受命于总部全新的调动,出任酒店集团亚洲总裁一职。而她的为人处世方法也轻松自如了很多,虽然依然追求完美,但已经懂得宽待同事、尊重差异。Alice 的荣耀回归,验证了这样的事实:职场的挫折就是一份考验,既考验心理,又考验意志。其实职场没有过不了的坎!

故事二:坚持就是胜利

　　Dennis 的职场故事值得很多人学习。20 多年前 Dennis 从部队复员后被派遣到某领馆担任总领事的司机一职,凭着一个军人的执著和耐心,Dennis 开始一个全新的职场之旅。他首先怀着好奇心去学习这个国家的语言,他想很好地与领事们沟通,就这样,一个从来没有上过大学的复员军人用了两年时间掌握了这个国家的语言,不仅可以和领事们顺畅交流,甚至可以帮到领事们很多工作上的事情。Dennis 成了领馆里最受用的人,他一个人身兼数职,既是领馆的司机,也是领馆的邮差,还是对外专员,他得到了前所未有的信任和重用。而他并没有沾沾自喜或者邀功请赏,还是一如既往地做着自己的分内事,他的任劳任怨得到了广泛的好评。别以为 Dennis 没有任何事业雄心,他利用业余时间考出了函授大学的行政管理文凭。后来机会来了,他服务的总领事任期到了要回国,在临行前他询问 Dennis 有何要求,Dennis 第一次吐露了自己的心声,希望能够成为领事馆的文职人员。总领事很快向总部请示并得到批复,缘于他多年的服务和高尚的为人,可以破格录用 Dennis。于是 Dennis 成了领馆的一名全职文员,协助领事们工作。但他没有就此放弃学习,他的语言能力越来越好,让人很难相信他没有受过专业的语言培训。而他本人依然坚持低调的处世哲学,与各种背景的同事友善相处,甚至当仁不让地成为了领馆里中国职员的大哥大,在历任总领事的心目中也都是最佳员工。如今 Dennis 在领馆的服务已经超过了 20 年,他成了最受欢迎的人,而他也默默地享受着这份职业带来的喜悦。

职场"三心二意"七大提示

- 包容是一种美德,包容可以化解人际危机。最好的包容就是看多别人的优点,看多自己的缺点。

- 谦和是人际关系中的调和剂,多一份谦卑可以让自己在职场潜伏得更久。

- 耐力是练出来的,耐心是等出来。

- 别忘了自己还有的好奇心,别忘了一切皆有可能。

- 时刻不忘自己的理想和意愿,并写下来放在任何自己能看到的地方,时刻提醒自己。

- 人的意志是精神因素,精神不倒,人便无法摧毁。

- 无论何时何地,都要对自己说"我很棒"。

"菲"一般强的"气场"

数月前观看了复出后的王菲演唱会，被她巨大的气场所震撼。那天上海世博演艺中心内座无虚席，全场静心期待天后的回归，当天籁的嗓音响起，一袭白衣的王菲如精灵般出现在美妙的森林空间里，那一晚属于王菲——一个无法超越的时代，一个无法替代的偶像，一个超级音乐的磁场。王菲用音乐和个性解释了她的气场有多大。

无独有偶，最近在一个行业的聚会上遇到了多年前的老朋友，尽管外表已褪去了青春的光环，但她依然是全场不变的中心人物。看着她自如地周旋于人群，内心不由自由涌起了"敬佩"两个字。她或许就是职场的一个楷模，无论走到哪里，都能把自己的气场带到那里，永远可以吸引人和影响人。通过老朋友的身影，幡然醒悟办公室最受欢迎的人未必是最努力工作业绩最好的那一个。相反那些工作得心应手既能轻松应对办公室复杂的人际,还能八面玲珑广受欢迎,并红遍职场数十载的人才是真正的高手。

人的气场有三部分组成:人气、灵气和士气,它们分别代表了受欢迎的程度、个性的魅力以及非同一般的影响力。如何练就强大的气场呢,不妨从以下三个提示开始做起。

练就强大气场三大提示

提示一:将自己的强项发挥到底

每个人都有属于自己的强项,而有些人善用自己的强项打遍天下无敌手,并在实战中不断将自己的强项练得更强,这样的人无疑拥有高智商。Allen自小在外语学校读书,十多年的连续深造使她的外语能力超乎一般,加入技术型公司之后她发现自己的外语优势,于是她热心帮助在中国的外籍同事,也热心帮助本地员工和海外公司的交流和通信。久而久之,她成了同事们和老外之间的联络员,她也成了公司本地员工的发言人,甚至在公司各种大小活动中她都成了公认的主角。公司对她的倚重有目共睹,所以Allen在公司的地位也变得牢不可破。Allen的强项或许其他人也有,但因为环境不同用处也大不一样。聪明的Allen只是在适合自己的环境里发挥了强项,所以才有可能成为磁场的中心。

提示二:做不到最好只做最对

办公室各路神仙都有,千万不能低估身边的人,特别在自己能力有限的情况下，千万不要把自己逼到做最好的绝路上去。做对事才是终极目标，花少点心血顺利完成任务何尝不是一种技巧，这样既能顺人心，又不为其他人制造压力，何乐不为呢？JoJo在公司担任一个中层的职位，由她统领的团队少说也有二十多号人，她精通"做对事"的道理，所以她要求她的团队不必事事去争所谓的第一，而用巧干把工作做好，她的信任他人以及宽容他人的处事方法赢得了众人的欢心。团队里的同事们为此很喜欢JoJo，因为她能比其他人给下属更多自由的空间，也没有太多人为的压力，团队气氛好工作效率自然高，而JoJo由此建立的威信也无可挑剔。JoJo"做对事"的法则令她拥有了更多的拥护者，上自领导，下到下属。她的气场也就越来越强大了。

提示三：善于分享好过哗众取宠

有的人只做事不说话，有的人只说话不做事，其实单一的行动都效果一般，要想在办公室建立自己的气场，就要平衡说和做的比例。Vivian曾在五星级酒店做过公关，所以口才相当好，来到新公司上班之后，她最乐意在中午吃饭的时间与大家分享曾经的逸闻趣事，从某国总统到明星商贾，惟妙惟肖的描述令同事们乐开了怀。别以为Vivian仅仅逗了大家高兴，Vivian在不知不觉中已经在同事间留下了见多识广的印象。她把在酒店的以往经验都用在现在的工作中，能干的工作作风令同事们刮目相看。工作一段时间之后，Vivian丰富的信息量和出色的工作表现令她成为人气高手,办公室围着她的人越来越多,渐渐地她也成了同事们的意见领袖。

用自己的 Icon 建立强大气场

现代职场生活丰富多彩,要想获得关注并建立自己的气场就必须有自己的 Icon。别以为 Icon 是时尚界的专有名词,职场也有 Icon。它不是一个简单的符号,一个标志,而是在职场脱颖而出的要素和亮点,这些要素成为被接受被追随被崇拜的原因。职场 Icon 涵盖了品位态度和处世方法。

Icon 1:独特的品位

良好的外表和得体的打扮,会为职场加分已是不争的事实。建立独特的时尚品位,让自己成为人群中的一个亮点,走到哪里都是风景线。著名电视节目人靳羽西就是我们最好的榜样,她的人气来自于她的独特品位。

Icon 2:乐观的态度

永远不抱怨,用积极向上的态度对待崭新的每一天。笑呵呵乐滋滋地为职场找乐增乐,让自己成为职场最受欢迎的开心果。乐观的态度最可以感染环境,并可以减少压力,这也是乐观的人受宠的原因。

Icon 3:鲜明的个性

个性没有好坏,无论直爽还是内秀。关键是这种个性可以融入工作大环境,不给周围的人带来压迫感。做真实的自己就是一种最好的个性表达,一个没有个性的人很容易被淹没在精英堆积的职场里。阿里巴巴的创始人马云就是一个个性鲜明的人,他坚持走自己的路,赢得了同行和对手的尊重。

Icon 4:突出的才艺

突出才艺有着很强的凝聚力,已成为员工在职场发展的能力之一。电视台每年的男女主播们举行唱歌跳舞比赛,就是让所有人记住他们不仅是一个主持人,更是一群有活力有才艺的多面手。

Icon 5:善良的品性

爱心是人的品德标签,自私自利的人不会被社会认同,善良已成为一种公共的价值,用爱心赢得职场的尊重,赢得同事们的好感。比尔·盖茨率先捐出自己的财产,这一形象一下子赢得更多人的崇敬。

Icon 6:满满的自信

强大的气场除了自身的优势之外,还需要更多时间的磨炼,自信是气场的源头,有自信的人再加少许的技巧,建立自己磁性般的气场就不是一件难事了。像范冰冰,她可以被人赞美被人诋毁,但她身上的自信永远满满当当,因为唯有她可以高喊:我就是豪门。这样的气场谁能超越?!

职场的气场说白了是一个人的影响力。领导者的影响力一定大于普通员工,但领导者的气场除了与生俱来的领导能力之外,更重要的是经验的积累。当人生的阅历丰富了,眼界开阔了,随之自信也就慢慢多了起来。气场同时是人际关系的协同力,与言行表达有关,与个人优势有关。王菲早年凭最酷的独来独往不善言语,保持了她的神秘感,但随着岁月更替,如今的她学会了微笑和幽默,以此维持她花开不败般的气场。借鉴王菲的故事,不难发现,身处职场,建立气场的最好办法就是做出色的小众,让大众跟随你!

小改变带来大胜局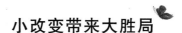

办公室的生存之道一定离不开与时俱进的改变。有些人会担心和害怕改变，怕变得面目全非，怕变得适得其反，怕变得无所适从。其实办公室的改变并非一定要彻头彻尾的大改变，小改变也能带来大胜局。

小改变可以从两大方面着手：肢体语言和打扮妆容。

肢体语言，是指经由身体的各种动作，从而代替语言借以达到表情达意的沟通目的。肢体语言既包括面部表情，也包括身体与四肢所表达的意义。办公室里的肢体语言需要注意人际距离和个人空间两要素。人和人沟通时，在肢体语言上会有一种情感性的表示，彼此熟悉的就会亲近一点，彼此陌生的就会保持距离。而个人空间是为了保持其心理上的安全感受，不自觉地与其他人保持相对距离,甚至试图在其周围划出一片属于自己的空间,不希望别人侵入。办公室的肢体语言必须以不侵犯别人为前提,并适度表示自己的情感心意。我们已经习惯用肢体活动表达情绪和心境,但为了赢得更多的重视和发展机会,我们可以从肢体语言和一些特别的举止尝试一些小改变。

肢体语言七大改变

改变一:永远面带微笑

面带微笑能体现一个人的良好的精神风貌和内心和谐。我们身边的女主管女经理们常常为了表现权威而舍弃笑容,希望靠冷峻的外表去震慑别人。其实挂在嘴角的笑容,既体现了游刃有余的工作状态,也让工作伙伴如沐春风。和蔼可亲的笑容不会体显示女性的柔弱,反而是女性魅力的真正体现。

改变二:温柔也有杀伤力

工作再忙也不用抓狂。我们为了赶时间、赶会议、赶报告,总习惯了提着公文包大步流星出发,习惯了扯高嗓子与同事甚至上司争论要点,在会议上大声而又斩钉截铁地表达自己的观点,甚至在办公室不停催促下属交成果。这些习惯都会让我们咄咄逼人,甚至丧失女性的特质。即使是我们内心寸步不让,但在说话语调、语速上不妨选择轻柔和中速,既充分表达了意见,又能显得彬彬有礼,且又不失权威。

改变三：学会身体 15 度前倾

在传统的思维中，管理者或者有权威感的人必须腰板挺直，给人一副居高临下的姿态，但现代办公室的大环境已经不适合那些高高在上的独裁形象了。看看万科企业的室内格局，看看 Google 中国松散悠闲的办公条件，女性上司在办公室也得放下架子，用身体前倾 15 度的姿态去与人沟通，倾听别人的意见。这个小小的改变，会让周围的人看到一个善于倾听、愿意与人交流的同伴或上司。

改变四：放弃不友善的姿态

办公室里的站姿或坐姿会在不经意中泄露了自己的潜在态度。有些女性为了表示自己具有支配性，常常会双手置于髋部，呈现"叉腰"姿态。或是在会议中双手环抱胸口，有不可侵犯的表示，有时甚至泄露了对他人的蔑视和不愿妥协的心愿。这样的站姿和坐姿有损人际关系的和谐。最好是让双手更加自然地下垂，或者多一些有人文关怀的小动作。

改变五：有勇气坐前排

为了避免引人注目，更为了避开上司的随时发问，我们最擅长在会议室的角落里找一个位置。其实，会议室的位子是有学问的，越是自信越希望自己的职场生涯发展得更好，就越要鼓足勇气坐前排，而且还要带上笔记本，随时记录会议中的要点，时刻准备参与讨论和回答上司的提问。坐前排虽然只是一个小小的动作和选择,但却极大地表现了自己的成熟度和参与度。

改变六:商务活动关手机

工作是忙不完的,即使一个短短的商务用餐,也可能有上司来电,有客户来电,甚至是家人来电。但出于礼貌的需求,请在商务活动场合将手机调成振荡,甚至让手机休息一会。不停打手机不仅仅不会体现自己的商务繁忙,反而会让他人误解自己的掌控能力不够。有时甚至匆忙中电话里传递的内容还会造成别人的误解,得不偿失。专注你的商务伙伴,就是专注自己的事业,传递真诚的笑脸和眼神是商务用餐的关键。

改变七:坚持 22 天不抱怨

一天工作 8 小时,一月工作 22 天,如果我们可以改掉抱怨的坏习惯,那么一切都会有好的转机。不要随意对同事发牢骚,述说对公司制度的不满,小心传到老板的耳朵里,可能连申辩的机会都没有。管好自己的嘴巴,千万不要不顾别人的想法,而肆意散布你的垃圾信息,更不要随意对一个你不熟悉的人,卖弄你的小道消息和私人问题。一个习惯抱怨的人日常肢体语言就会时常显露出不满甚至是过度焦虑的症状。

打扮妆容是办公室仪容仪态的一部分。适合公司文化又适合自己个性的打扮妆容是肯定会为职场发展加分的。新一年的小改变也不妨从自己的打扮妆容下手吧,前提是让自己更漂亮,更精神,更有人缘感。试一下以下推介的几种改变吧。

打扮妆容四大改变

改变一：为黑白灰加点色

有设计感且色彩女性化的职业服饰，绝对有机会让自己在男人深色西服堆里脱颖而出。别以为职业女性只能有"黑灰白"三种颜色，何不在服装的搭配中加点碎花，加点撞色，甚至还可以佩一点恰如其分的首饰。让女性的魅力在职场凸显不是坏事，相反会使你更具竞争力。分享一个小秘密：职业女性需要巧用丝巾，那种千变万化的系法可以让自己很有个性，很有女人味，而且很有智慧，所以日常配几根不同花色的丝巾在身边，有助于你做一个职场时尚达人。

改变二：制造口红丛林

化妆对一个职业女性的重要性已经不用费口舌，但传统意义上淡妆是最容易被接受的，因为它既能让女性肤色匀称，又显得自然得体。但除了淡妆，口红的妙用就显得非常有技巧了。玫瑰红，大红，桃红，铁锈红，洋红，金棕色，枣栗色，裸色……每一种颜色都代表着一种心情，一种身份。所以在接受淡妆的同时，请别忘了为自己建立口红丛林，大胆用口红的颜色显示自己的个性和气场，突出自己的职场姿态。

改变三：大包小包总相宜

手提循规蹈矩的电脑包时代已经结束。无论大女人还是小女人,无论是秘书还是经理,随身的包袋早已成为彰显个人魅力的一部分。颜色、款式、大小完全由个人喜好而决定。女性对包的选择也不仅仅考量包的用途了,更重要是有时尚气息,符合个人职场地位,符合不同心情和场合。别忘了包袋可是女性之间开启话题的最好物件,不妨试一下吧。

改变四:让眼睛生动起来

眼睛是心灵的窗户,眼睛的力量不可小看。不在乎眼睛的大小,也不在乎近视还是远视,关键是眼睛中流露出来的真诚有多少。尽量正视别人的双眼说话,当内心有不确定的时候,也可以用眨眼睛来表示困惑。如果经常眯缝着眼睛,不如选择隐形眼镜,让自己的眼睛炯炯有神,也不至于错漏了与上司、客户、同事打招呼的机会。

小小的改变可以带来很好的效果,急躁的女性开始变得温和了,胆怯的女性开始变得自信了,保守的女性开始变得时髦了,自大的女性开始变得谦虚了……办公室里全新的气氛就此出现,更重要的是对每一个个体而言,自身的魅力得到提升,人际关系也得到了改善。

尝试小改变的职场十贴士

- 列出自己最想达到的目标。
- 列出自己最想改变的清单。

第一篇 向日葵般的姿态

- 从清单中找一件最容易改变的事情。

- 从最细小的改变开始。

- 坚持每一天做出一点改变。

- 为自己的改变喝彩并记录改变带来的效果。

- 鼓励自己改变,特别是在最难坚持的时候。

- 同家人和朋友分享自己的改变,让他们成为自己的监督员。

- 当自己的改变得到认同的时候,不忘激励自己做出新的改变。

- 为同事和身边的人的小改变而由衷高兴。

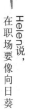

兴趣最重要

　　记得很多年前去广东番禺拜会一个来自香港的长者,他本身是手工艺制作行业的鼻祖人物,光凭手艺就可以拥有丰裕的物质生活。但这位长者却隐身于幽静的小城,潜心制作他的"世纪坛"作品,每天工作之余喝喝酒吟吟诗。当他向客人们展示他尚未完成的大作时,兴奋得像个三岁的小孩,这位长者快乐的模样就这样永远印入了我的脑海。其实"世纪坛"是一项手工制作的巨大工程,其意义不在乎完成与否,而是长者视此为生活的动力和快乐的源泉,那是长者所有情趣、志趣和乐趣所在。

　　在我们日常生活中,兴趣其实也是我们力求认识某种事物和从事某项活动的意识倾向。它表现为对某件事物、某项活动的选择性态度和积极的情绪反应。兴趣可以使人集中注意力,产生愉快的心理感悟,从而有利于提高工作和生活的质量。

拥有兴趣五大益处

益处一:做一个有情趣的人

如果一个人除了学习和工作外,没有任何兴趣的话,就会显得毫无情趣而言。在日常生活中最有朋友缘的人,未必是学习和工作最努力的那个,相反有情趣的人会广受欢迎,有情趣的人喜欢更多的交流和更多的分享。如今微博大行其道,而微博群中最受追捧的除了明星之外,就是那些有特别兴趣爱好的人,短短140字的分享,足以为他人打开世界的另一扇窗。我有一个好朋友Jennie,她不是专业摄影师,但她乐意将生活中的点点滴滴拍摄下来,并做成自己的影集。如今她的照片很受网络欢迎,我们也从Jennie的镜头中读到她对生命的诠释。看她的照片是一种欣赏也是一种享受,会让我们感觉到原来世界是如此美好,哪怕只是一朵小花,哪怕只是一次旅程,哪怕只是和路人的擦肩而过。喜欢摄影的她,每一天都对世界抱有好奇心,因此活得快乐,活得有情致,活得有收获。兴趣可以让生活变得充实,变得有滋有味,变得有情调。

益处二:做一个会释怀的人

人生必须专注,但人生也需要平衡。特别在不同的人生阶段,每一个人都会面临不同的压力和问题,但如果拥有退一步海阔天空的心态,那么就能做个释怀的人。而个人的兴趣在此时担当着重要的角色,它可以让人回到一个自我满足的环境中,使人找到分散不良情绪的出口点,甚至可以借此为自己寻觅到新的平衡。35岁的 Flora 在事业最蓬勃发展的阶段,遭遇了人事变动的挫折,为此她不得不放弃所有的事业雄心。刚开始的挫败感让 Flora 有点失落,甚至有一蹶不振的态势。但因为有更多的时间照顾家人,她发现自己对婴儿用品有极大兴趣,经过缜密的研究和分析,她将这种兴趣转化为自己新的生活动力。她做了婴儿用品的网络版主,也代理和经销相关的婴儿用品,这使她不再为自己事业的挫败而悲伤,她用一个母亲的细心和爱心开始打造自己的婴儿用品小世界,甚至自己设计和开发婴儿用品。虽然起步阶段的收入并不能和做"金领"相比,但 Flora 却乐此不疲,因为她已经从挫败的阴影中走了出来,用释怀的心情迎接新的生命历程。

益处三:做一个有目标的人

别以为只有事业可以有目标,其实兴趣爱好的目标也是非常有意义的,虽然它可能不像事业那么光鲜亮丽,但兴趣爱好的目标足以让自己得到小小的幸福感,反过来这种目标甚至会支撑我们生活和事业的大目标。Jackie 从小就想做导游,这样就可以周游世界,但碍于父母的期望,她考入了名牌大学的电子信息系,毕业以后也顺理成章地成了 IT 精英。人机对话的工作状态让 Jackie 有少许的沉闷,但因为周游世界的目标依然尚未实现,所以她决定努力工作,利用工作之余完成自己的目标。如今 Jackie 的电脑保护屏就是她的世界地图,只是上面有一些只有她自己能够领会的记号,比如一个城市是她的世界之游首站,一个地标是她邂逅爱情的符号,一座山是她逾越自己的象征……有了这样的目标,虽然生活还是照旧,日常的枯燥和乏味依然存在,但Jackie已经适应了这样的反差,一边是工作的有序渐进,一边是兴趣的自由张力。

益处四:做一个有贡献的人

如今的人们在享受物质和精神之外,还想为社会作点贡献,于是一种全新的兴趣由此产生,那就是公益兴趣。公益兴趣本着对社会服务的心态,愿意付出时间、金钱和经历,公益兴趣满足了人们对"服务、回报和贡献"的需求。Sue是一个公司的高管,工作繁忙精神压力极大,一次偶然的机会她参加了社区的一份服务工作,教那些民工子弟学英文,结果从此一发不可收,做公益成了她生活的一大兴趣,也让她重新审视自己的社会价值。最近几年她利用自己的社会关系和工作能力,先后组织了去福利院慰问孤儿,为孤儿们免费上课的活动,她还去监狱为女性囚犯开设重回社会的技能讲座,她甚至利用自己的年假去中国的乡村做老师,实现自己的"红粉笔"计划。做了公益服务的Sue,也彻底改变了自己本来高高在上的职业经理人形象,她的公益兴趣使她焕发出了所有的爱心和活力,她深深体会到付出比得到更有意义。

益处五:做一个有财富的人

很多人的兴趣并不是以财富为目的的,但持之以恒的兴趣却是人生的一笔财富，最典型的就是"收藏"这一兴趣爱好。很多人开始收藏的时候，纯粹出于简单的兴趣，但是最后的结果却是财富和幸福双重收获。香港最著名的钟表收藏家钟泳麟先生就是这样的典范，他收藏钟表完全出于自己对钟表的热爱，但几十年如一日的坚持，使这个兴趣已经变成他人生重要的成就，他在收藏的过程中也渐渐成为钟表专家，成为各种钟表展上的名客，他的钟表专栏也成了各大时尚媒体的抢手文字。他把兴趣做成了专业，同时也完成了财富积累的过程，更重要的是多年来他一直和他所喜爱的钟表合二为一，享受着兴趣带来的快乐和幸福。现实生活中还有很多人和钟先生有一样的兴趣，千万别以为只有足够的财力才能走上收藏之路，身边很多细微的用品都可能成全收藏的梦想，比如可口可乐罐、汽车或飞机模型、香水瓶……

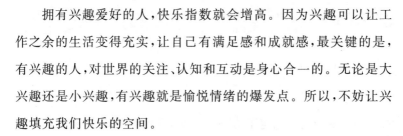

拥有兴趣爱好的人，快乐指数就会增高。因为兴趣可以让工作之余的生活变得充实，让自己有满足感和成就感，最关键的是，有兴趣的人，对世界的关注、认知和互动是身心合一的。无论是大兴趣还是小兴趣，有兴趣就是愉悦情绪的爆发点。所以，不妨让兴趣填充我们快乐的空间。

描绘职业蓝图的 BIG 5

"做一天和尚敲一天钟""摸着石头过河"的职场生存路线已经out 了。职业规划的重要性已经被绝大多数的职场人所认同，无论是即将跨入职场的年轻人，还是在职场海洋中漂浮前行的职场人，职场规划就是自己为自己寻找一个灯塔，照亮前进之路。职业规划的确切含义就是指对职业发展做一个系统的分析和总结，通过必要的测定为自己定下方向和目标，并制订明晰的涵盖其个人学习和成长过程的计划。它具有四个明显的特点，即可行性、适时性、适应性和连续性。

时势造英雄，职业规划一定离不开生活的大环境支持，所以职业规划也要与时俱进，符合时代的需求。另外职业发展是需要具备一定技能的，技能越多越强，选择职业的面越广。职业发展也是我们谋生的手段和条件,职业的幸福度会影响我们生活的幸福指数,所以选择自己喜欢的职业并为之努力,这是职业规划中的基本点。

毋庸置疑,职业规划是一件大事,它决定了人一生的事业走向,同时也关联相应的生活方式。职业规划发生在职业选择之前,也同时发生在职业发展的过程中,所以规划、调整、再规划,是一条必经之路。这里介绍关于职业规划的 BIG 5 原则。

职业规划 BIG 5 原则

原则一:听从内心的召唤

在评估过自己的能力、特长和专业方向之后,一定要顺从内心的选择。很多年轻人容易被物质条件、社会评价和同类攀比等多种因素影响了自己的判断和选择。要相信自己的直觉,在判断自己的职业前景时一定要让心说话:我会热爱这样的职业,我有能力接受职业带来的挑战,我相信自己会干出好成绩……如果有了这样的召唤,请不要再犹豫和彷徨。一个没法让自己全心投入的行业或者职业,是不会让自己有工作成就感的。

原则二:寻找优质的职业导师

职业生涯很长,很多职业经验必须靠时间累积。对一个初入职场的人来说,要一眼看到职业的本质,将是一个不小的难题。所以在职业规划之前,可以寻找优质的职业导师进行咨询和了解,从他们身上解读职场发展的定律,这样可以少走不必要的弯路。这样的导师可能是实习时的上司,可能是顶尖企业的人事经理,也可能是身边的学长学姐。虚心聆听就可以掌握一定的规律和技巧,让自己的职业之路走得更加顺畅。特别是对于那些已经有一定职场经验的人,在职业规划调整的关键时刻,更需要亦师亦友的导师们的帮助。当遭遇职业困境时,请不要闭门造车!

原则三:走好职场第一步

职场的第一步,也是职业规划中的重要内容。职场发展的积累就是从第一步开始的。要学会分析公司、行业、职业岗位的优势劣态,同时要了解自己的 SWOT,千万不能盲从。第一步值千金,千里之行也是从第一步开始的。很多年轻人抱着"先干起来以后再说"的心态,在遭遇挫折时便轻易放弃。若走对了第一步,那么即使面对挫折,也能自我坚持,因为你知道自己内心的需要。职场的第一步走得要谨慎,同时要对工作环境、自身能力和未来潜力做好全面的分析和判断,跨出第一步后要有耐心恒心,还要做好接受更严峻挑战的准备。

原则四:职业发展要有大目标

职业规划好比人生规划,如果仅仅局限在"钱"途和个人利益方面,那么也仅仅是自我满足的一生。按照马斯洛的生存和需求原理,我们每一个人在求得安全、温饱之后,更会渴望被人认同,被人尊重,甚至渴望自我理想的实现,所以我们的职业目标必须带有强烈的社会责任感,只有这样我们才能胸怀大志而意气风发。当然职业目标可以分短期、中期、长期来完成,在不同的阶段承担的社会责任轻重或许不尽相同,但从选择职业开始的那一刻,就应该明确这是一个贡献和奋斗的路程。

原则五:在调整中完善

职业规划有一个明显的阶段性特征,所以在不同发展的阶段都必须做出相应的调整,甚至是改变。但职业发展的宗旨是不变的,就是通过职业发展的机会,体现个人的价值,为社会作出应有的贡献。有了这样长期而又宏观的视野,就要根据自身状况的改变而做出应该的调整。职业规划不是将职业目标定得最高就是好,切合实际的、可行的、有计划一步步完成的规划才是最好的职业规划。有调整能力的人虽然会在职场撞墙,但不会在职场中走进死胡同。调整能力恰恰体现了一个职场人走向成熟的职场心态。

职场规划成功故事

故事一:我看到了光明的未来

Bobby 曾就读于名牌大学的应用物理系,当班上很多同学纷纷计划出国深造的时候,他怡然自得地玩着他的"游戏",父母老师都希望他可以成为一个工程师或者科学家,但是他经过深思熟虑之后决定走自己的路,为此他和父母开诚布公地交换了自己的职业规划,因为他想成为中国最优秀的游戏程序开发师。通情达理的父母了解了儿子的心愿,也知道他的职业之路将不是一条循规蹈矩的道路,一开始可能还会遭遇很多困惑和难题,父母和 Bobby 分享了他们的想法,并表示在经济上、生活上全力支持他的职业选择。Bobby 也和自己的老师进行了深入的沟通,老师为他分析了将来的前景,同时也指出他现有的不足和欠缺。就这样当同班同学加盟各大研究所之后,Bobby 也来到了美资游戏公司开始了自己的职业生涯,工资不高,专业也不对口,甚至要加班加点。但在游戏的世界里 Bobby 找到了乐趣,他觉得他的聪明才智得到了极大的发挥,也特别喜欢公司的工作氛围,因为和一群志同道合的人在一起工作,总能让人心情愉悦。两年后 Bobby 已经成为游戏程序开发师了,他愉悦地工作着,并不断努力,希望自己终有一天会成为大师级的人物。

故事二:我为每一步而努力

Sharon 英文系毕业时,经过再三考虑,选择了去一家知名的私立中学做老师。面对学生,她找到了无穷的工作动力,她也热爱教师这个伟大的职业,她立志将来成为一名对社会有贡献的教育家。然而五年之后因为结婚搬家,她没法坚持每天路途上花费两个小时来学校任教,为此她和校长进行了沟通,并寻求他的帮助。热心的校长被她的诚恳所打动,也理解她此时的处境,他肯定了她为教育事业所做出的成绩,并为她指明了几条道路,首先是克服困难继续留在原来的学校,其次选择离家比较近的学校任教,再者考研究生然后再回教育岗位。Sharon 感谢校长的指导,决定在职业发展的道路上选择突破和提升,于是她考取了研究生。两年之后她再次回到教育岗位,不过这一次她成为了美国儿童英语培训中心的合伙人,这既完成了她继续当老师的愿望,同时也实现了她拥有自己校园的理想。她骄傲地说:职场规划十分重要,我为每一步而努力。

职场专家的建议

职场规划有时就像描绘一张职场蓝图,出发时我们通常会乘坐一条小船,但必须清楚知道下一个港口,同时也知道自己在小船上承担的任务。我们会在旅途中更换大船甚至是邮轮,认识和遇上更多同行者,这样就可以一起驶向更远的港口。别忘了为自己画下最好的目标地。职业规划的蓝图其实是一个构筑职业梦想的路程,如果路途上有引航员,那么一切会变得更加顺利和简单,所以规划蓝图的时候为自己建一座灯塔吧,它会照耀整个职业航程。试一下,把这样的蓝图画出来,它就会时刻激励自己。

职业规划真心 tips

- 不要高估自己的能力,特别在刚起步的时候,要一点一滴从小事做起。
- 不要低估职业的风险,职场的风险很多会被忽略,重视它

第一篇
向日葵般的姿态

的存在,就会用心思考每一次的选择、每一次的调整。

- 不要轻易放弃,坚持是职业发展的一把金钥匙。很多困境都是暂时的,将困境看成是一次考验,那么跨过去就会海阔天空。

- 不要闭门造车,寻找合适的帮助是一个不错的捷径。站在巨人的肩膀,好过一个人慢慢爬行。

- 不要以索取为职业目标,一分付出一分收获是游戏的规则。职场规划的核心就是在付出中收获,收获满足,收获自信,收获幸福。

调教职场好习惯

"我很忙,每天像一台高速运转的机器在工作,久而久之突然发现自己连慢下来的勇气都没有了,曾经好脾气的我突然变得很急躁,我并不喜欢现在的我,我又该怎么办呢?"

"来这家新公司上班后,我特别不适应。这里的人在办公室里是奔跑的,好像在和时间赛跑。整个环境中充斥着匆忙的气息,我生怕被别人说自己不积极于是也开始加速,但忙中出错的机会也就越来越多。我很疑惑:难道只有这样分秒必争才算是努力工作吗?"

"没有人会相信,我的老板在办公室的行动像是一阵飓风,他每天像将领般指挥着众战士,有时他的办公室门口还会排起长队,鱼贯而入的人们等着他签字、批复,当然还有人在最忙碌的时刻见缝插针打个小报告。这样的紧张气氛绝对是人为造成的,但我又能奈何?"

我最近听到了很多类似的抱怨。不可否认,我们身处一个高速发展的时代,一切以快取胜,于是我们每个人自愿或不自愿地都参与了和时间赛跑的游戏,因为害怕落后所以都变成了一台不能慢下来的机器,但由于运转过速,我们不得不面对很多来自生理和心理的问题。或许我们无法改变环境,但我们绝对可以改变自己,谁说职场"慢"行为不能成就高效者?! 谁说质量不比数量重要?! 先让我们一起来拨开高效的误区吧。

拨开高效三大误区

误区一:提高效率=提高速度

效率是指单位时间里实际完成的工作量。而高效率就是在单位时间里实际完成的工作量多,对个人而言也就意味着节约了时间。优秀的管理者会给下属们确定最后期限,最后期限是设定完成工作的时间节点,只要合理分配时间,并善于利用时间,相信绝大多数的情况下我们是能够在最后期限之前完成任务的。但如果我们一味追求速度,可能不仅不能提高效率,反而可能因为失误而浪费了宝贵的时间,并让身体处于重复劳动的恶性循环中。

误区二:数量优势=质量优势

真正的高效率是以质量保证为前提的,为了确保质量,我们不如多花点时间使工作尽善尽美,而不是一味玩所谓的数字游戏。很多公司提倡员工有专注度,就是让员工专心于一些重要的工作,而不是简单的数量累积。数量的优势不仅不等同于质量的优势,有些时候还会抵消质量,原因就是我们每一个人都有极限:能力的极限,精力的极限,当然还包括时间的极限。我们只有专注质量的目标,才能将所有的资源配比调整到最佳状态,而不是靠所谓的"快"去赢得数量上的胜利。

误区三:增强能力=增强效益

如何提高我们的工作效率,是我们每一个职场人所关心的问题,有一条共识是能力的提升绝对是增强效率的法宝,为此我们必须花时间去积累,去学习,去增长见识。这一切未必很快体现在自己的工作收益上,很多人只顾眼前利益,而忽略了长期发展的计划,有时候放下手中的工作静心思考未来,或者放下暂时的名利去深造学习,都是一种明智之举。每天奔跑着工作的人,他的工作态度值得鼓掌,但他的工作习惯未必值得推广和借鉴。

了解了工作效率的误区后,我们就有理由推广和提倡职场"慢"行为。慢不一定就是快的反义词,慢是一种相对于快的理性行为,是一种给工作增加能量的有效方法,慢是专注质量的原始动力,让我们一起尝试"慢条斯理"地享受职场所有的快感吧。

第一篇 向日葵般的姿态

职场慢生活七大妙方

妙方一:不错过上班途中任何风景

高峰时间地铁里永远充满了心急火燎的上班族,有时为了赶上一班地铁,很多人不顾体面往人堆里挤,甚至会和别人发生身体冲撞。从现在起请每天早起 15 分钟,享受一顿美味早餐,在上班的路上尽心欣赏这个城市的春夏秋冬,而不是行色匆匆地赶路。从准备上班的第一分钟起,就让自己的心平静下来。

Tips:不妨用音乐陪伴清晨的上班路。

妙方二:每天的好心情从一杯茶开始

养成好习惯,清理完自己的办公桌后才开始一天的工作,千万不要深陷在乱糟糟的办公桌里不能自拔。现在已经没有老板会因为员工办公桌杂乱而误认为该员工是最忙碌的那个人,相反可能会认为该员工是最没有条理的那个人。为了让自己有一个好的思绪,不妨为自己沏上一杯清茶,茶绝对有醒脑的作用。当自己的心思和情绪都调整到位时才开始工作。品茶的 10 分钟不是浪费,而是高效率的铺垫。

Tips:为自己选择一个充满爱意的杯子。

妙方三:选择重要的邮件先来处理

不可否认,我们每一天的工作都是从公司邮件开始的。邮件里可能有公司的最新信息,有老板下达的指令,有同事的回复,也可能是外来的投诉信件,等等。不用为众多邮件而担忧,打开邮箱的一刻起,先选择重要的、必须的、和自己直接相关的邮件读起。一一回复,一一处理,即时遇上繁琐的内容,也要耐下心来读完它,千万不要一阵手忙脚乱。让自己拥有 30～60 分钟的时间来处理邮件吧,这样就可以更好地准备其他的工作。对棘手的邮件也可以采取冷处理,等自己思考成熟后才下手处理,千万不可随手打发棘手邮件,否则有可能带来不良后果。

Tips:选择一张赏心悦目的电脑屏保图片。

妙方四:为自己设置会议提示铃

身陷文山会海已经是现代职场的一个标志。文件还可以按照自己的时间来处理,但会议通常因为涉及多个方面安排而不得不服从。为了不让自己匆忙过头而顾此失彼,请务必采用电脑软件制订会议时间表,让它提前通知自己,这样才不至于手忙脚乱,分身无术,每天疲惫地在会海中打转。请给每一个会议的间隔时间多留 10 分钟,算作自己的"refreshment",给大脑充氧,给身体加油,给心情放松。

Tips:让会议提示铃成为美妙的旋律。

妙方五:每 2.5 小时给自己"放风"

别抱怨工作压力大,别抱怨同事间竞争激烈,别抱怨自己变成不会思考的老黄牛,从现在起每两个小时就给自己放个风,停下手中的活去吹吹风,聊聊天,做做眼保健操,甚至像电影《志明与春娇》那样拥抱一段爱的艳遇。这样的放风不仅不会影响工作的进程,而且会带来很多意想不到的益处,比如集思广益,比如灵光乍现,为自己的工作创造应有的节奏。

Tips:在放风时间增加同事间的友谊。

妙方六:用慢一拍去思考

现在急躁和浮躁之风也刮到了职场,很多人已经没有耐心好好地聆听,甚至没有耐心让自己多思考一分钟。短平快的工作风格被误认为是"雷厉风行",不求质量只求表面风光的花哨做派也被误认为是时尚和创新,于是每一个人都不由自主地加快了步伐,加快了思考,加快了行动,却忘记了质量的控管和品质的保证。"快"成为唯一的标准,"快"也成了一种目标。只可惜"加速器"未必能适用所有人,而"慢一拍"在关键时刻是不可多得的保障,因为思考可以让行为更周全。

Tips:时刻提醒自己尝试"退一步"的思考方法。

妙方七:放弃第一名之争

别以为这是不求上进的表现,或者是中庸之道。其实很多时候第一名是暂时的,它会被后来无数的第一名所超越。所以在职场放弃所谓第一名的名利之争,反而会让自己有更宽广的舞台,更宽容的心灵,更宽裕的时间,去做自己可以做得更好的事情。人生最大的竞争者不是他人,而是自己。和自己好好地竞争,不求快只求准,那么离真正的出色就不远了。

Tips:鼓励自己为自己喝彩。

亚里士多德说过"卓越本身就是一种习惯",而"慢条斯理"高质量的工作习惯可以直达卓越的彼岸,别再为所谓的速度和数量而忙碌不堪,也别再为和时间赛跑而沾沾自喜,更不要为追求所谓的"第一"而消耗自己的心理和生理的健康。尝试"慢条斯理"的工作习惯吧,此时便不难发现,时间由自己掌控,卓越就在眼前。

我们是 Lady，我们很 Gentle

职业女性身处一个伟大而又幸运的时代，我们有机会在职场的舞台上展现自己的卓凡魅力，我们是 Lady，同样我们也很 Gentle，我们要有机会示弱，也要好好与人合作共处，我们可以锋芒毕露，也可以左右逢源。让我对你说，快快掌控自己的事业运程吧！

我们是 Lady，但我们很 Gentle

最近北大光华管理学院公布的一组数据显示，在公司的经理层中女性比例为 42.1％，与男性相差无几。全国妇联也公布了最近的一项调查数据，中国女性企业家人数约占中国企业家总数的 25％，而且这个比例有不断增长的趋势。中欧管理学院的"女性领导力"课程也得到很多女性管理阶层的追捧，出现了一席难求的现状。这一切无不欣喜地表明，在现代社会女性的地位得到了提高，女性不再受到性别的歧视，可以有更多的机会像男性一样凭借自己的能力走上管理岗位，这无疑是社会进步的巨大表现。

但是当越来越多的女性走上管理岗位后，面对日益激烈的职场竞争，很多女性陷入了一个认知误区，常常以扮演男性的角色为荣，磨灭了自己的性格特点。难怪周立波先生在一周秀里好好调侃了一番当今的女强人——每天穿着深色的套装,大步走路表情凝重,声音粗壮而又雄厚,处处显示自己的"爷们"做派,以强势示人。众多的社会学家对此也发出了自己的声音,认为这样的管理层女性强加于自己很多心理压力,甚至丧失了女性特有的兴趣爱好,严重影响了身体和心理的健康,更会对家庭和谐和下一代的教育造成负面影响,丢失了职场幸福感的女性管理者是不能在职场创造辉煌的。

于是一个全新的职场名词应运而生——Gentlelady。一种新的职场女性管理者形象出现了,她们有专业知识,不畏困难,执著目标,同时外表温和,内心坚强,她们掌管企业核心也充当着教练和导师,培养更多的年轻人。最近著名心理学家张怡筠在接受媒体采访时说:"工作的时候要快,生活的时候要慢,要把这两个身份区分开来。在职场上当然要行事干练果断,重要的是要坚强不软弱。但生活中的柔软就是一种智慧了!"

Gentlelady 的八大特征

特征一:以优雅得体的职场造型出场

Gentlelady 虽然也穿着职业装,但会选择适合自己的颜色和款式,符合自己的职业特征,绝不刻意掩饰女性的美好身材。喜欢穿高跟鞋,妆容精致得体。即使内心疲倦,在办公室也能表现出神采奕奕的一面。

特征二:不畏权势,但又包容有余

Gentlelady 也要面对上司和下属,但她不会为了迎合权势而放弃自己的主张和意见,她会坚持做自己。同时她会考虑周围人的意见和心情,用包容的方法处事,不强制推行自己的意见,在适当的周旋中尽量做到面面俱到。

特征三:思维缜密,做事果断不犹豫

Gentlelady 凭借着自己的专业知识和实战工作经验,善用策略思考,能提供完整策略和行动方案,是团队当仁不让的核心。她可以在最关键的时刻果断地决定并带领团队行动,不左右彷徨而丧失应有的良机。

特征四:抓大放小,有大将风范

Gentlelady 有女性的细腻,但不只在小事上做文章,更多时候她可以调动员工的积极性,发挥每一个人的特长,鼓励员工发挥最大的价值。所以她善于推行抓大放小的政策,有绝对的宏观意识,是一个指挥官同时又是一个好的督导师。

特征五:拥有 EQ 和 IQ 双保险

Gentlelady 在拥有高智商的同时也有很好的 EQ,她可以很好地控制住自己的情绪,甚至不让女性生理期的坏脾气爆发。她乐观而又积极看待工作中的困难,寻找一切可以解决问题的办法,不气馁的精神也成为同事们的楷模。

特征六:懂得合理示弱,寻找帮助

Gentlelady 明白自己能力的有限,所以懂得在合适的时间合适的场合示弱,绝不会一个人硬扛所有超负荷的工作任务。这样的处事态度,既可以让工作得到圆满解决,也可以减轻自己的压力。她用实际行动表明能干的女性也有柔弱的一面,特别是柔软的时刻。

特征七:过河不拆桥,将感恩发扬光大

Gentlelady 有目标有抱负,但绝不是那种过了河就拆桥的人。她善于维护各种关系,懂得将感恩的心发扬光大,所以她会得到很多恩师的指点和提携,甚至在关键时刻她会因为懂得感恩而受宠于职场。

特征八:笑看小恩小惠小利益

Gentlelady 因为拥有较高的职场目标,所以不容易跌倒在小恩小惠小利益面前。她光明又磊落,恪守自己的个人准则和职业道德。虽然高风亮节但也诚实有加,对下属虽严要求,却也能从容而又客观地评价他人。

如何成就 Gentlelady

首先,Gentlelady 肯定不是一日造就的,这是一个事业女性走向成熟走向完美的过程。很多年轻女性在职业发展的初期会找到一个偶像级的人物或者上司作为效仿的榜样,无论是偷师还是被上司潜移默化，职场好榜样的作用都是无可否认的。其次，Gentlelady 是一个不断完善的角色，每一个职场人都可能走过弯路可能犯过错误，甚至因为自己的处事不当而遭遇滑铁卢，但一旦有了明确的职场目标，又善于在失败中寻找修正的方法，那么这样的职场角色只会越来越受欢迎。成就 Gentlelady 的最好办法不是简单的技巧，而是从心底里认同自己的女性角色，并克服女性固有的弱势，发扬光大女性的优势，这样的心理磨炼会让女性在职场发展的道路上越走越远。为身为职业女性而骄傲，为成为优秀的女性管理者而自豪，事业有成又拥有职场幸福感的 Gentlelady 何尝不是职场的一道亮丽风景线呢?!

Gentlelady 的职场成长故事

故事一：上司的言传身教

　　Yvonne 研究生毕业时作为培训生加盟了一家外资银行，在历经了十多个部门的轮岗之后，她成了私人银行部门的一员，她的上司是一位加拿大籍华人，早年在世界各地的分行工作过，是一位资深的管理者。Yvonne 在她手下工作了五年，成长得特别快，不仅学到了应有的专业知识和技巧，同时也在上司的身上感受到女性管理者的魅力。本来没有任何职业憧憬的她，突然有了一个强烈的愿望，就是有一天成为像上司一样的女性管理者。强烈的职业理想也焕发了无尽的能量，在 30 岁那年她也成为一名经理人，并开始带领团队。后来她的上司为了享受家庭生活最终离开了公司，在欢送晚宴上上司对 Yvonne 说了一句让她永远铭记在心的话："女性管理者能够活跃在职场是我们女性的骄傲，但她的辛苦也是为人不知的。享受做一个能干又充满温和柔性的老板吧。"如今的 Yvonne 已经跳槽去了另外一家欧洲著名的商业银行，并担任一个支行的行长。她年轻且有魄力，做事温和且果断，对待下属宽容且严厉，Yvonne 一直以来都和曾经的上司保持着联系，每年圣诞她都会为远在加拿大享受天伦之乐的上司送上祝福，并念念不忘她的指点："在您的指引下，我愿意朝着优秀的女性管理者更加努力。"

故事二：在摸索中成型

Heidi 在汽车制造业工作已有 10 年。她很清楚地记得当年她来面试的时候，正好遇上自己的上司和来自总部的工程师骂架，那种针锋相对的场面着实让她吓了一跳。不过她的上司吵完架之后居然马上笑脸相迎，并对她说："在这个以男人为主体的行业和公司里，我们必须用提高自己的嗓音来提升自己的地位，否则我们就要被人欺负被人使唤。"然而几年过去后 Heidi 并没有和同事们吵过架，她一直遵循自己的处事方法，那就是尊重加专业，所以虽然在一群高智商的男人堆里工作，Heidi 用她特有的温柔赢得了他们的信任。Heidi 恶补自己汽车工业方面的知识，同时也改进自己的时尚触觉和商务礼仪，渐渐地她成了公司里不可缺少的主心骨，成为有能力、善于沟通而且虚心有礼貌的职场女性，当她荣升为企业形象推广部经理之后，和各个部门的联系和互动越来越多，很多同事在中国区总经理面前表扬细腻柔弱的 Heidi 是一个受人欢迎的女性管理者，评价她为这个以男人为主导的公司里带来了一缕清风。去年 Heidi 还被评选为年度最佳员工，她的获奖感言就是："感谢公司的培养，感谢同事们的提携，特别是男同事的厚待，使我有机会成为一个 Gentlelady，并为此享受到工作的愉悦。"

故事三：在改造中提升

从小 Mini 的性格就像男孩子，大大咧咧，不拘小节，从伦敦读书归来后受聘于一家食品公司做采购经理。可能是身材矮小的关系，Mini 为了保持自己的尊严，特意摆出一种冷漠而又强势的姿态，不仅说话语速极快，也不容别人反驳，而且很容易冲动而与人大动干戈，虽然她总是为公司利益着想，但同事关系却极差，很多同事在背后都说她没有女人味！Mini 超负荷的工作不仅没有为自己赢得尊重，反而危机四伏。在年终调查中 Mini 成为了众矢之的，外界和内在的压力让管理层不得不考虑她的去留问题，幸好此时公司有一个新合资项目落成，管理层给 Mini 这个去学习并适应新的环境的机会。利用调整的一个多月，Mini 参加了一些沟通培训和女性管理课程，她也明白性格是很难改变的，但她可以用心去改进一些工作的技巧和管理的方法。强势不代表有理，倾听不代表弱小。幸运的是新项目是一个以儿童食品为主的合资企业，公司的产品部门有很多女同事,大家你追我赶想成为有魅力的女性,在这种文化氛围下 Mini 也开始收敛自己的作风,让自己尽可能符合新团队的文化,用大气魄大气场影响他人,也学会了冷静处理是非。两年之后 Mini 的采购团队赢得了公司的嘉奖,而 Mini 也因被大家认定是一个可信任可尊敬的 Gentlelady 而自豪。

Gentlelady 们的至理名言:我们是 Lady,我们很 Gentle! 职场的 Gentlelady 们,站起来!!!

御姐驾到

一部《穿普拉达的女魔头》让很多人知道了职场萝莉和御姐，也知道了从萝莉到御姐需要漫长的修炼过程。幸好我们有足够的时间和资本在萝莉的位置上接受御姐们的熏陶、点拨和影响。当萝莉的清纯、羞涩、明艳蜕变成妩媚、干练、风姿绰约的时候，我们从外表上的过渡期已经大功告成。然而内在的提升却是关键中的关键。

先来解读一下职场御姐的定义吧。这是一个来自日本的外来文，指成熟强势的女性。职场御姐的年龄跨度比较大，从 32 岁至 45 岁，这也是一个女性最精力充沛的人生阶段。她们拥有自信冷静淡定的性格特征，内心坚强，心智成熟，同时拥有高贵的气质。合格的职场御姐还拥有宽容心和侠义心，乐意承担责任，扶持下属。职场御姐还是美貌和智慧并存的"尤物",是男人们崇拜信任敬仰的伙伴和对手。

从萝莉到御姐的十大修炼课程

课程一:在煎熬中成长

没有人与生俱来就是御姐。萝莉是一门必修课,所以在萝莉阶段尽量接受各种考验,也要将这种考验看成是自己成长的基石。太过一帆风顺的职场反而会给日后的御姐生涯埋下祸根。所有的修得正果,都是在艰难的煎熬中挺过来的。别以为御姐就是修理别人的角色,即使转身成为御姐,新的修炼还将继续。

课程二:完善品德修养

御姐可能有很多优点,但最重要却是品德和修养。别以为能力强点,修养差点没关系,这样的话手下的萝莉们又怎能随意屈从。所以要想站在团队的制高点,首先要是个品行优良为人正派的人。御姐做不到有节有礼,是无法成为萝莉们的榜样的。切记气势是靠品性堆出来的,训斥咆哮只能减弱了原有的气场。

课程三:强大的精神支柱

御姐打拼天下靠的是毅力,而毅力来自强大的精神支柱,是一种对职业理想的追求,对自我使命的认同,也是对自己不断跨越障碍后的鼓励。特别在面对失败挫折打击之后,对自己信心的重拾。御姐强大的精神支柱,焕发出不妥协的巨大战斗力,从而让御姐的职场之路越走越高。

课程四：完美的职业形象

萝莉时代的娇嫩、鲜亮一定不适合御姐的口味,真正的御姐用完美的职业形象构建了庞大的气场。正气,专业,一丝不苟,注意小节,穿着得体,富有职业女性的优雅端庄,甚至在亲和力的第一印象里也蕴含着不可侵犯的尊严和威严。

课程五：至高无上的荣誉感

御姐的荣誉感一定强过小萝莉。这种荣誉感体现了对公司名誉的追求,对自己理想的追求,也体现了御姐特有的个人价值和公司价值的融合。很多御姐努力工作为公司创造财富,并不是因为所谓的私心私利,而是真真切切的奉献精神。她们将工作的成就看作生命的成就,有了这样的荣誉感,御姐们自然就成了公司的形象代言人了。

课程六：勇于承担的责任感

御姐不同于小萝莉之处,就是权限大了。简单来说就必须要以一个管理者的姿态出现在办公室,而不是处处只为自己的既得利益着想,而忽略了责任的承担。特别在风险成本较高的职场,不能承担责任的人是无法统领众生的,到头来充其量只是一个年长的职员,而非核心的中流砥柱。御姐承担的责任就是愿意承担过失,而不是只享受功劳。

课程七：戒骄戒躁的自律

御姐之所以能成为御姐，一定有她的过人之处。她有骄傲的资本，但必须戒骄，更要戒躁。很多御姐的失败就是忘记了自己是谁，无限放大了自己的骄傲资本，最终却被自己的急躁打败。修炼自己防骄傲自大心浮气躁的能力，可以让御姐的职场青春走得更长。

课程八：与御姐们和平共处

御姐们最大的致命伤，就是不能和同为御姐的她们和平相处。御姐们个性鲜明，有主见，不愿人云亦云，但不妨碍她们和同类人沟通和对话，甚至携手一起前进。同性相斥、异性相吸的原理，在职场未必是真理，尊重其他御姐，尊重差异，将御姐的风范进行到底。

课程九：化解压力的能力

御姐们的压力可想而知，上有严厉的上司，下有青春逼人的下属，又要兼顾事业和家庭，御姐们还要不断修炼自己。这种工作、生活、身体的多重压力一定会让御姐感到责任重大，但成功的御姐一定拥有化解压力的法宝，让自己的身心处于无压或少压状态，并调适好职场拼搏的最佳心理和身体状态。这可是小萝莉变身御姐前的最后考验了。

课程十：收藏起爱恨情仇

女性是情感的动物，女性的状态受情绪的支配是很明显的，更何况还有每月的特殊生理期呢，所以要让自己不受甚至少受情绪的控制。御姐们尽量在工作时收起爱恨情仇，这样才不容易被负面的情绪打趴下。爱情是萝莉们炫耀的资本，而御姐们就没有必要再和年轻美眉们打擂台了。管好自己的爱情，也管好自己的婚姻，这样就给职场发展加了一把锁。

职场御姐三大成长模式

模式一：蓄势待发

这种御姐从萝莉开始就没有收藏起野心过，她的眼里写满了目标。她努力学习，努力工作，比别人付出更多，当其他女孩享受花前月下的时候，她可能是留守加班的那一分子。她咬紧牙关克服重重困难，战胜自己的弱点，一步步接近理想。

Silva 早年进入杂志社的时候，只是一个中专生，她凭借着聪明过人的悟性，很快成为杂志社的骨干人物。但近几年大量的海外留学生加入了公司，面对他们，Silva 倍感竞争的压力，但她不是一个轻易言败的女性，她努力挖掘自身潜力，不仅进修了意大利著名设计学院与中国合作办学的课程，还凭借自己不怕苦不怕累的工作精神，稳固了自己在公司的地位。

成长要素：用理想激励自己每一天。

模式二：趁人不备

有些御姐是一夜转型的。她们一直是别人眼中乖乖的小萝莉,可爱有加,严厉不足,人见人爱,但没有丝毫霸气。千万别小看了这样的萝莉,她们可能早已收起所谓的野心和骄傲,用众人不防备的姿态突然蹿红,速度之快令人无法阻挡。

Melisa进公司第一天起就展示了其在日本受过的全面礼仪培训,对人客气,对事认真,说话轻声轻气,知书达理,从不妄自菲薄。几年中很多部门的领导们都抢着她入伙,最后她却令人意想不到地成了行政部门的主管。然而就在不知不觉中Melisa变得越来越有御姐的范儿了,每天选择十分端庄的职业套装,外加一丝不苟的发型,虽然说话还是细软,但是却有了不容回绝的语气。她也毫不掩饰自己的自信和能干,因为她觉得属于她的美好时代已经来临。

成长要素:修炼内功一炮打响。

模式三:半途转型

这种御姐的成功,可以说是天时地利人和的产物。她们本身并没有绝对的目标,只是偶然的机会成就了她们从萝莉变成御姐。虽说她们准备并不充分,但天资尚好,所以还是在最短的时间内胜任了御姐的角色。

Lily大学毕业后进入了一家国企做秘书,她的老板是一个实干家,每天风风火火,而她尽心尽力地做好自己的本职工作。她一直以为自己终身就是一个秘书的料,因为她乐意做别人的帮手,不求任何回报。然而机会的来临让所有人始料不及,Lily的老板被市政府选中参与一个政府大项目,Lily也随着老板去了新公司,由于良好的英文基础 Lily 成了老板和客户最不可缺少的帮手。等到这个政府项目落成的时候，Lily 的老板又被委以新的重任，而 Lily 则成了这个政府项目的实际"操盘手"，因为没有人比她更了解其中的结构和运作。Lily 成了当仁不让的御姐，这个曾经的秘书现在满世界谈判，而政府项目也取得了巨大成功，成了这个城市最醒目的标志之一。

成长要素：机会厚爱有准备的人。

职场御姐的三大纪律八项注意

三大纪律：

- 不在办公室里谈情说爱。
- 不拿他人一针一线。
- 不在办公室死党结盟。

八大注意：

- 注意自己不被控制的荷尔蒙。
- 注意自己不留神的嚣张。
- 注意自己不应该的咆哮。
- 注意自己不兑现的承诺。
- 注意自己不小心的过失。
- 注意自己不留意的高手。
- 注意自己不自觉的气馁。
- 注意自己不可缺的健康。

左右逢源巧心思

奉承拍马已经不是办公室时尚，有主见又有人缘才是办公室的新宠。不用左右为难成为矛盾焦点，巧用心思让自己左右逢源，是职场达人们的新目标。

不妨尝试一下左右逢源的三大新战术。

左右逢源三大战术

战术一：勤汇报，多请示，常沟通

办公室的人际关系说复杂很复杂，说简单也很简单，关键是看准自己的位置。上有老板，下有下属，左有战友，右有同事，好的沟通是将人际关系简单化的唯一出路，对上司要多请示，多倾听他们的声音和意见,这样就会掌握正确的方向,也知道上司的喜好。对下属或者同事要勤汇报,很多职场人都觉得汇报只能从下而上,其实把工作的最新状况与周围的人分享也是汇报的一种方式。在汇报和请示中,千万不要加入自己的判断和主观猜想,一切以尊重事实为前提,这样就树立起了一个可信、诚实而又敬业的职业形象。Alice 是个积极主动的人,但以前不懂用沟通解决问题,只做不说的方法辛苦了自己却没得到好的回报,还产生了很多误会,后来她开始尝试采用多多汇报请示的方法,把很多需要解决的问题放在桌面上,让所有人参与解决,结果人缘关系得到改善,也赢得了好口碑。Alice 发现好的沟通是赢得人心的首要方法,无论是汇报还是请示,用心听取别人的意见和建议,是尊重和被尊重的有效润滑剂。

战术二:洁身自好不参与是非

左右逢源并不等于让周围人都说你好,而是让自己成为周围人最信任的那个人。办公室里难免有是非,要想左右逢源首先要洁身自好,其次要对是非保持警觉性,最后一定要远离是非。别以为是非是小事,招惹是非的人在职场一定没有前途,不要为了赢得所谓的左右逢源而身陷是非。如果不幸成为是非红人,不如早一点离职,重新开始新的职场人生。记住时间是检验真理的唯一标准。Catherine 曾经是一个房产公司的高级销售,一次偶然的机会和同事闹了矛盾,不料从此惹上了是非,为此她果断地辞职然后去了新公司。为了让自己有很好的发展,她要求自己做个洁身自好的人：严谨，公正，专业，不为私利而出卖自己的原则。两年来，Catherine 业绩蒸蒸日上，也很少与同事产生摩擦，深受上司信赖和倚重，她也轻松成为公司里最会左右逢源的人，因为她的洁身自好，Catherine 成为了公司的楷模，最近还有机会被提升呢。

战术三：做个乐于助事的中间派

要想真正的左右逢源，其实就是做一个中间派，不偏左不偏右，不欺上不瞒下。坚持自己的原则和主张，又尊重公司的游戏规则。公司里难免有小团体，难免有死党结派，难免有亲信盟友，所以真正左右逢源的高手，就是站在自己坚守的立场上，不偏颇不摇摆，这样的中间力量反而更有价值。是中间派不等于游离于核心工作之外，工作职责是首要，不仅要把自己的工作做好，另外还要乐于伸出自己的手去帮助同事完成相关的工作，而非"帮派势力"的帮手，这样既有人缘又有事业缘，两全其美。Dianna 在化妆品公司是公认的中间派，她努力工作又尊重所有的人，还非常热心帮助在工作上遇到困难的同事。因为女性多的原因，公司里出现了许多小团体，性格爱好相同的人扎堆在一起，她们通常有统一的行动和目标，当然也和其他组别有着这样那样的小摩擦小冲突。而Dianna 坚决不参与任何小团体的活动，好像始终游离在众人的视线之外，但正是这样的态度让她成为最被众人认可的人。最近公司内部有一个高位空缺，很多人去竞争，但公司管理层进行了民意测试后，Dianna 成为最没有异议的人选，成功晋升管理层。

H2O 方程式：有氧＋淡定＋低碳

　　H2O 不是中国高速公路的代号，它是如今开始慢慢盛行的生活方式代名词——从家到公司（home to office）。别以为这是无聊无趣无味的选择，它的盛行代表了职场人关注有氧低碳的生活品质，用淡定从容的心态走好职场生活每一天。现在 H2O 一族年龄从 23 岁到 35 岁不等，她们有的经营着很好的事业，有的经营着很好的爱情，也有的经营着很好的婚姻，从家到公司可以是 25 公里的超长路程，也可能是 3 公里之内的短距。H2O 的选择，是一种对自我时间和对自我空间的确定。我的世界我做主。

H2O 一族的五种典型代表

类型一：养精蓄锐型

这种 H2O 人拥有极强的生活目标，并懂得规划人生。她们将人生划分成几个不同的阶段，看上去简单地从家到公司两点一线的生活，其实是她们最佳养精蓄锐的方法。Apple 今年 29 岁，事业已走上正轨，目前在最著名的会计事务所做审计工作。繁忙的工作让她无暇拥有太多的休闲时间，所以除了工作她就选择回家，尽可能在温馨的家庭环境中放下沉重的工作重担，尽可能地享受天伦之乐。她每天会步行回家，一路上既可以观赏热闹的夜景，又可以欣赏自己喜欢的"陈绮贞"的歌。回到家后她可以和父母一起聊天看电视，当然睡觉前的跑步也成了她每天的必修课。她从不应酬也不暴饮暴食，即便是加班到 9 点，她也只回家喝妈妈煲的汤和做的饭菜，她要在高强度的工作环境中保护好自己的体力特别是肠胃。她知道她从事的职业是一份辛苦的事业，特别在过了 30 岁之后承担的责任和压力会更大，所以她必须在此时此阶段将身体调理到最佳状态，此外她已经准备报考注册会计师证书，她要求自己必须拥有更多的时间好好精心复习，每一个夜晚和周末都成了 Apple 为未来而努力的时间和空间。比较起昔日老友们精彩的生活，Apple 没有任何羡慕或者抱怨，她认为此时的养精蓄锐就是为了取得将来更多更大的精彩。

类型二：清心乐活型

这种 H2O 人士是典型的乐活派，乐于享受低碳的宅生活。她们将工作视为生活的一部分，但更乐意享受没有任何工作负担的居家生活，所以她们下班之后的精彩不在健身房里，不在 KTV 里，甚至不在众人的聚餐会上。她们把时间更乐意花在养花养草养宠物上。Sherry 在 32 岁那年主动放弃了广告公司的高薪，而转身进入了一家国有企业做办公室主任。国有企业的上班下班时间很固定，没有太多的加班时间，放假时间比国家规定的还长，这让喜欢过轻松生活的 Sherry 如鱼得水。她在空余时间研究园艺技术，尝试着在家里的院子里种植了很多花卉，还领养了宠物狗。她很乐意分享养花养草养宠物的心得，因此她还成为了网络上著名的斑竹，经常与志趣爱好相同的人交流经验。虽然看上去她的生活仅在公司和家庭之间的两点一线之间漂移，但她的业余生活不仅生动还很丰富。她给每一盆盆景取上了名字，还用相机记录它们的成长。经过她的点拨，她的那些宠物狗居然能"听懂"简单的英文对话，成为居住小区里的大明星。Sherry 特别享受如今的生活，不用看老板的脸色，上班尽量高效率工作，下班尽情享乐，她自嘲说自己已经三年没有穿过工作装了，因为她更喜欢休闲装，这样下了班直接就去伺候她的那些宝贝们。

类型三：宽容牺牲型

这种 H2O 族的人具有很高的责任感，愿意牺牲自己的时间爱好去维持家庭或者事业的平衡。虽然从家庭到公司的两点一线生活未必是她们最初的选择，但她们顾全大局之后也能安然享受这样的生活。Merida自从结婚生子之后，发现原来的平静生活被打破了，由于她的先生工作也很繁忙，还经常出差不在家，养育孩子的重任让她不得不重新调整自己的生活节奏。虽然有父母前来帮忙，但曾经生性活泼的她为此也不得不放弃逛街，K歌，与三五知己小聚的个人爱好，将生活的重心移到家庭和宝宝身上。每天工作一结束她就心急火燎地往家赶，因为她希望在宝宝入睡之前可以和宝宝多交流一下，哪怕是一个拥抱一个眼神也好。她的先生本想在周末好好补偿Merida让她好好放松一下，不料Merida根本"不领情"，她无法离开天天成长的宝宝。几个月下来Merida已经很适应两点一线的生活了，她非但没有觉得委屈，反而相当有成就感，因为她真正体会到了职业女性又兼顾家庭的不易。她认为她的宽容牺牲是值得的，当看到自己的宝宝一天天健康快乐地长大，Merida感到由衷的欣慰。

类型四：安逸自我型

这种H2O族的人有很好的心态，甚至懂得在嘈杂的世界里寻找一份安宁和沉静。Jennifer在16岁时跟随父母移民加拿大，大学毕业后又跟随外籍丈夫一同来到中国，在一家儿童英语学校教书。由于习惯了加拿大的清新空气和田园风光，她和先生把中国的家安在了郊外，虽然每天赶到市区上班的路途遥远，但他们却乐此不疲。早晨两个人手拉手坐地铁一个小时上班,晚上又手拉手相伴一起回家,什么应酬什么购物,对他们而言都是浮云,他们享受这种简单却相当甜蜜的生活。回到家后吃最简单的晚餐,然后就各自看书听音乐,甚至喝着红酒聊聊天,自小练习钢琴的她还喜欢在先生的凝视下一遍遍演奏那些最美的旋律。Jennifer 说她喜欢郊区的夜晚,特别的宁静,和白天是极度的反差,让她有一种穿越的感觉。她特别享受这种远离喧嚣的自我空间,很多朋友惊讶他们来了中国之后为何还能将生活保持着在加拿大时的安宁。Jennifer 一语道出天机:减少不必要的浪费和消耗,多一点点爱就足以让生活充满甜蜜和宁静。

类型五:守得云开型

这种 H2O 一族是典型的理想主义者,喜欢在自己设定的环境中生活,并拥有较好的个人天赋和才艺,不轻易受非主观因素的影响。24 岁的 Natalie 自小练习国画,画得一手好画,自 7 岁起就代表中国青少年出访国外进行文化交流,报考大学那一年她听从父母的建议没有报考艺术类而是选择了财会专业,所以毕业之后 Natalie 也就顺理成章地从事起财务工作,而国画则成了她的业余爱好。虽然工作繁忙但她依然坚持练习国画,她的书房里挂满了名师的大作,同时也有她多年来积累下来的心血。她喜欢将工作和自己的爱好完全分开,也正因如此她特别喜欢公司到家的两点一线生活,家里的书房成了她描绘人生的最好"战场",如果不是她的一个作品被父母的朋友偶然相中转送外国朋友并赢得了口碑，或许 Natalie 的才艺并不为人所知，她也没有想过要出售自己的作品。她把家和公司当做两个完全的平台，公司只是一个接触社会回报社会的场所，而家除了亲情更是她持续自己梦想的地方，她守着寂寞却享受着一个自由而又舒展的空间。当然她能有今天的成绩和来自家庭父母的支持是分不开的，同时也源于她低调的生活方式和态度。

职场专家的点评

H2O 职场一族的产生，符合这个时代的变化特征。当越来越多的职场人承担着越来越多的工作压力时，家庭成了她们安全、安逸、安稳的"避风港"，无论是享受亲情、爱情还是享受独处，家庭的环境给了职场人一个最好的缓冲地带，她们可以从那里得到充分的休息，适度的放松，自我的调整，可以培养自己的兴趣爱好，甚至发掘自己更大的潜能，从而发挥出更大更多的生活能量，由此给工作带来积极的影响。H2O 职场一族不是极端逃避现实的人，她们从两点一线的生活轨迹中依然可以找到和世界互动的机会，将生活经营得丰富多彩有滋有味。当然 H2O 一族是可能随着一些客观因素而改变的，所以 H2O 一族有可能是阶段性的，H2O 的生活方式也可以看做是职业人的一种人生调剂。

成为 H2O 快乐一族的十大要素

要素一：拥有自己的爱好，在爱好中发现生活的乐趣。

要素二：偏爱独处的时光，梳理自己独特的心境。

要素三：确定明晰的目标，掌控自己生活的节奏。

要素四：体验亲情和爱情，主动去爱和享受被爱。

要素五：享受路途的风景，为每一个不同的精彩喝彩。

要素六：不会选择逃避现实，懂得合理地收放自如。

要素七：倡导环保主义生活，减少不必要的消耗。

要素八：简单的乐活主张，与自然有更多的接触。

要素九：正面的心理能量，储存积极向上的活力。

要素十：合理规划人生阶段，快乐走好每一步。

踢猫效应 VS 情绪污染

当我们对生活质量的要求越来越高时，就会体现在对污染的深恶痛绝和高度警惕上。环境污染已成为生活品质的公敌，其实生活中还有一种污染并没有被重视，恰恰是这种看似理所当然存在的污染影响着我们的心理和生理的健康，那就是情绪污染。

面对愈演愈烈的职场情绪污染，究其原因，不难发现有四大原因：

第一，人们除了吃饭睡觉，一天三分之一的时间是在办公室里度过。所以人和人之间的相处就不仅关乎工作关系，更是生活的一部分，而情绪的控制和处理就变得非常重要。

第二，职场是一个有等级制度的地方，上下级之间存在着领导和被领导的关系，命令和服从的关系，所以很难避免因为等级和地位的关系而造成情绪失控的现象。

第三，职场生活中的压力显而易见，工作繁重，人际关系复杂，往往也造成了员工的情绪紧张，同时日益增加的压力也会使职场的情绪污染链变大。

第四，只要有竞争的地方，就难免会有把所有的对手都当作假想敌的想法，于是坏情绪就会不由自主地在身体中流淌。

综合上述原因，不难发现情绪污染在职场有生根发芽的温床，而其中最明显的表现就是心理上的踢猫效应。人的不满情绪和糟糕心情，一般会沿着等级和强弱组成的社会关系链条依次传递，由金字塔尖一直扩散到最底层，无处发泄的最小的那一个元素，则成为最终的受害者。一般而言，人的情绪会受到环境以及一些偶然因素的影响，当一个人的情绪变坏时，潜意识会驱使他选择下属或无法还击的弱者发泄。这样就会形成一条清晰的愤怒传递链条，最终的承受者，即"猫"——最弱小的群体，也是受气最多的群体。我们来看看办公室里最典型的"踢猫"故事吧——

Kent 是一家外资贸易公司的上海代表，周一满怀信心地上班，不料接了总部的电话被上司劈头训斥一番，原来这个月出口的货品被外国客户投诉而且要求索赔，上司责怪她领导不力。Kent 接完电话怒火胸中烧，整整半年她都在加班加点，订单不多对方却要求很高，为此她不得不亲力亲为去谈判。现在被客户投诉，她不但一点功劳都没有了，连苦劳也没有，眼看今年的奖金不保，还可能随时影响在公司里的地位。于是她很快叫来了业务主管，像她的上司那样也是对其一番训斥,结果业务主管只能灰溜溜地回到了自己的办公桌旁。正好遇上秘书来问她本周出差的安排,她没好气地叫嚷道:"你搞搞清楚,凭什么我去出差,有本事你去呀!"秘书被她的抢白砸懵了,眼泪开始在眼眶里打转,心想我天天伺候你们这些骨干,凭什么还要我受气。原本以为秘书受了气就成了故事的尾声,不料这时来了一个快递员要秘书签收文件,秘书突然找到了情绪的突破口,一下子咆哮起来:"走开走开,不准用我的笔!"紧接着一顿痛快淋漓的数落,于是快递员就成了整个情绪污染的受害者。

"踢猫效应"是情绪污染的一种直接表现,我们可以理解任何人都有情绪,而情绪有好有坏,感染的效果有正有负。良好的情绪会构成一种健康、轻松、愉悦的气氛,坏情绪会造成紧张、烦恼甚至敌意的气氛。而情绪污染就是指在坏的情绪影响下,形成心情不畅的氛围。现代医学告诉我们,大多数人的疾病往往会从不良的情绪和失衡的心理中产生。为此,人们应该像重视环境污染一样,重视情绪污染。如何在职场做一个情绪污染的狙击手呢,不妨从以下六大建议着手吧。

狙击情绪污染六大建议

建议一:控制和调整自我情绪

要防止情绪污染,首先每个人要从自我做起,尽量做到不将坏情绪传播给同事。其次,要提高和学会调整情绪的技巧,遇到烦恼和挫折要善于解脱,增强心理承受力,别指望被人传递好情绪,先让自己有好情绪吧。

建议二:不对下属发泄自己的不满,避免泄愤连锁反应

任何人都会有情绪低落的时候,一旦遭遇坏情绪,身为上司一是要有忍耐和克制精神,要学会情绪转移。千万不能将不良情绪转交给下属,这是最不负责任的行为。好的上司能控制好情绪也是一种责任心的表现。

建议三:放弃耿耿于怀的情结

很多身处职场的人容易把一些分开发生的不开心的小事堆积在心里,然后伺机一并爆发,这样的危机更大。职场生活中最重要的功夫是释怀,在遭遇不公不平时,要冷静,可以尝试用深呼吸的方法,最后要懂得遗忘。这样坏情绪就不容易上身,要学会放弃不应该有的心结。

建议四:同情"踢猫"者

如果不幸成为踢猫效应中的一个环节,一定要体恤对方被踢的情绪,不是压抑也不是反抗,而是赋予深深的同情心,这样至少可以"冷却"对方的情绪,从而让自己从容地阻止踢猫行为。

建议五:避免成为那个"猫"

职位的高低,让我们每一个人都有可能成为情绪污染中的受害者,更可怕的是还可能造成对自己心灵的伤害。为了避免成为

那个"猫"，最好的办法，就是捍卫自己的情绪和尊严，不要轻易成为忍气吞声的受害者，习惯性成为那个"猫"，那么真的只能被"踢"了。

建议六：用积极办法对付消极行为

实行"穿耳过"，将坏情绪左耳进右耳出，坚决不让它留在自己的身体里。还有一种麻痹法，就是任由上级领导发泄他的坏情绪，自己却在一旁天马行空。别忘了幽默有时是最好的杀手锏。

抵御情绪污染的职场故事

故事一：从情绪污染的受害者变身

Sally 是物流公司的单证员，每天有很大的工作量。本来她以为勤勉工作就可以赢得上司的信任，却不知自己内向的性格正好成了上司们甚至是同事们情绪污染的受害者。刚开始工作的那段日子，上司遭遇不开心，就会拿她单证问题说事，她也不想反抗，渐渐地她这个职场地位最低的人就沦落成了被"踢"的人，上司有不满意的地方就找她出气，甚至同事们也觉得她的受气能力很高，所以她自然成了情绪污染的受害者。当然她也会把自己的坏情绪带回家，这样也影响了自己的生活。一次偶然的机会，她参加了一个情绪控制的培训班，经老师的点拨才恍然大悟，控制情绪首先要有抵制不良情绪的能力，其次要有释放自己情绪的能力，Sally 一下子领悟，要让工作和生活快乐起来，一定要积极保持正面情绪，并把负面情绪抵挡在身体之外。有了这样的提示，Sally开始尝试不再做"受气包"，以后再遇到任何与工作差错无关的指责和发泄，她都会冷静而礼貌地回应，当然对于同事们无意的情绪发泄，她也给予充分的理解和支持，并一同寻找释放不良情绪的妙招。上司们和同事们都发现Sally变了，虽然依然认真工作，但却懂得把控自己的情绪，也懂得防御情绪污染，整个人也变得开朗和乐观起来。

故事二：从受气媳妇"熬"成绿色婆

　　Maggie的上司在行业中是出了名的坏脾气，平时想发火就发火，工作不顺利会发火，被上司责备后会发火，甚至和男朋友有了情感问题也会发火，上司成了办公室里的"晴雨表"，因为只要她发火，那么一整天办公室里的发火声就会此起彼伏，情绪污染很严重。Maggie作为上司身边最近的人，在过去的五年中一直遭受这样的情绪污染，幸好Maggie自我调适非常好，每次受了委屈挨了骂，也就用"shopping"的方式化解了，从来没有再对身边的人进行再污染。最近上司移民去了加拿大，Maggie成了临时大主管。同事们开始害怕了，会不会"媳妇熬成婆"之后，会更加"变本加厉"呢？面对同事们的疑问，Maggie召开了会议，她开门见山地说："我是提倡办公室积极正面的情绪交换的，而不是用负面的情绪污染工作环境。我们常常注重办公室用没用环保材料，有没有绿色植物，但却忽略了我们的情绪也需要绿色。"同事们终于松了一口气，原来这个"从媳妇熬成的婆婆"还是很有IQ的，至少还提倡绿色情绪！

合理地向上司示弱

职场不相信个人英雄主义，寻找合理的帮助和支持是取得成功的法宝。有一个经典《男孩与顽石》的故事值得分享：某个星期六下午，一个小男孩在他的玩具沙坑里玩耍。沙坑里有他的一些玩具小汽车、敞篷货车、塑料水桶和一把塑料铲子。在松软的沙堆上修筑公路和隧道时，他发现了一块"巨大"的岩石。小家伙开始挖掘岩石周围的沙子，企图把它从泥沙中弄出去。他又推又挤左摇右晃，一次又一次地向岩石发起冲击，可是，每当他刚刚觉得取得了一些进展时，岩石便滑脱了重新掉进沙坑。最后他伤心地哭了起来。在整个过程里，男孩的父亲从起居室的窗户里看得一清二楚。当泪珠滚过孩子的脸庞时，父亲来到他跟前问道："儿子，你为什么不用上所有的力量呢？"垂头丧气的小男孩抽泣道："爸爸，我已经用尽了所有的力量!""不对,儿子,"父亲亲切地纠正道,"你并没用尽你所有的力量,因为你还没请求我的帮助呢。"父亲弯下腰,将岩石轻松地搬出了沙坑。

这个故事真实地告诉了我们一个职场生存和发展的精髓:为了完成公司或者上司安排的任务,我们会竭尽全力地寻求各种资源的帮助,但在有限的资源之下我们可能还是无法完成任务。而此时我们千万不能忽略了身边最大的资源——上司。有了他的帮助,许多难题便会迎刃而解,并且有可能取得更多意想不到的结果。因为他站的高度不同,视角不同,权限不同,更重要的是他的自身资源和可延展的资源更多。用上司作后盾,的确是好事但并非是件简单容易的事,但如果一味依赖上司,只能显示自己的无能。如果能将遭遇的困难变成自己的机会,并寻找到上司的有效帮助,那么一切就会变得游刃有余。

以上司为后盾的六大诀窍

诀窍一:将上司视做榜样

很多人在职场犯的最多的错误就是骄傲和目空一切,甚至不把上司放在眼里,这样就会埋伏下很多危机。职位的高低虽然可能有运气的成分,但不可否认绝大部分取决于个体经验和能力的差别。所以无论如何都要尊重上司,一个不尊重他人的人一定不会得到他人的尊重,更不用说得到他人的帮助。要想得到更多的资源,克服更多的障碍,就必须在平时将上司视为榜样,让上司的权威性得到充分发扬。只有这样,才有机会在需要上司出手的时候得到他的帮助。

诀窍二:与上司保持一致

经常挑战上司,并与上司意见相左的人,虽然能在人群中显得不那么平庸,却也为自己的未来发展埋下了祸根。绝大多数的上司都不喜欢自己的下属与自己唱反调,认为这样会威胁自己的领导地位。所以当这样的下属遇上困难时,上司很容易袖手旁观,以不作为的姿态出现。自然而然也就让这样的下属没有了后盾,缺少了上司这个资源,则很可能会对自己造成不小的麻烦。身处职场,最简单的办法就是与自己的上司保持一致,除非已经决定辞职离开。

诀窍三:感恩上司的栽培

虽然我们不用天天在嘴上感激上司的培养,但感恩之心是必须有的。特别在得到上司帮助之后,我们应当适当表达下自己的感谢,可以是一封邮件,一条短信,一张贺卡,当然还有就是对未来工作的信心。对上司而言,他可以提携一个下属,可以帮助一个队员,然而他更希望看到下属的成长。所以作为下属,对上司栽培的最好报答就是成长得更快更好,让上司在每一年的年终评估单上可以发现自己更多更好的业绩表现。

诀窍四：向上司表现自己的潜能

在职场中无能和无知或许可以得到暂时的宽容甚至体谅，但一定无法长期得到眷顾。所以要想得到上司的点拨和帮助，就必须向上司表现自己的潜能，让上司发现这种潜能产生的巨大价值。不要责怪职场竞争的残酷，在以人才优势为长的环境里，谁的能量大谁就能得到更多更大的支持，因为他的价值代表着未来。发掘下属的潜能，其实也是上司的能力。

诀窍五：与上司开诚布公的沟通

在职场发展中，与上司的沟通也同样重要。沟通可以消除隔阂，也可以推心置腹了解彼此的需求。特别当下属遭遇困惑和难处，甚至身处"危险"境地时，如果能够和上司面对面的交流，并准确发出"求助"的信号，那么相信上司给予的支持将是最给力的，也是最有效的。而遇到困难保持沉默不善于沟通的人，只能与机会失之交臂。

诀窍六：合理地向上司示弱

职场中强弱守恒是非常重要的，但我们如果一味地努力工作，用强势的一面征服一切，可能会工作得很累很苦，也要比别人付出得更多。适当地向自己的上司示弱，其实就是寻找上司心底最软的部分，以求得他的认同，甚至是照顾。好的上司说白了就是一个调度员和协管员，帮助下属是他的职责，只是他难免会偏向那些需要他帮助并乐意得到他帮助的人，这也是人之常情。

现实生活中女性职员合理向上司示弱，往往会取得意想不到的效果。Natalie最拿手的绝活就是面对客户的劝酒，向善于喝酒的上司投去救助的眼光，并在众人面前大呼：老板，帮帮我啊！这时的上司显得很有男子风度和气度，挡开所有的杯子，用英雄救美人的神情一口干了。Natalie顺势会感谢上司一番，引得众人齐羡慕：有这样的上司真好。给了上司十足的面子，当然也因为自己的弱小引得了上司的关注。同样，Natalie在工作上运用弱势哲学也取得很好的效果。一次Natalie和上司一起参加一个客户招待会，临时客户提议要求增加上台致辞环节，Natalie深知上司是应对这种场合的高手，于是就求助上司："老板，我没有准备，您可以帮忙吗？"上司对这种场合的致辞是得心应手，自然上台洋洋洒洒一番，博得了客户以及在场嘉宾的一致好评。Natalie对自己的示弱高招颇为得意，她说，上司也是人，也不喜欢手下个个比自己强，特别是女员工的示弱，不仅让上司有怜惜之情，也让上司看到自己在员工心目中的位置。

　　以上司做后盾必须注意四大原则。原则一通常不能把求助上司变成对上司的挑衅；原则二要摸清上司的强项和性格，不能强他所难强他所畏；原则三场合和时间很关键，不能把寻找上司做后盾变成众人的起哄抬杠，反而让上司下不来台阶；原则四当信心不足的时候，必须敞开心扉把困惑和疑虑告诉上司，恳求得到上司的指点和鼓励。上司最大的满足感除了带领团队完成任务之外，或许就是能够帮助那些需要他帮助的团队成员，而此时与其说是成就感,不如说是高尚的奉献。以上司为后盾,就是让上司的价值发挥到最大,同时让自己"点石成金",以最有限的资源取得最大的成效。

"点石成金"十大最受用用语

- 老板,您可以帮帮我吗?

- 老板,有一个难题想向您请教一下。

- 老板,您可以给我一点提示如何克服现在的瓶颈吗?

- 老板,您有什么高招吗?

- 老板,我可以从哪里着手改进和提高?

- 老板,请帮我分析一下可能的错误会出在哪里?

- 老板,您可以和我分享您当年是如何解决这个困难的吗?

- 老板,请支持我。

- 老板,谢谢您给予我指点。

- 老板,请做我们团队的后盾吧。

团结就是力量

在工作中，我们要明白团结就是力量，借力出力才是聪明之举。团结既能赢得人心，又能将工作驾轻就熟，何乐不为呢?!

职场团结四大秘法

秘法一：将工作视为团队的工作

在当今社会，在办公室这样狭小的空间里，以团队为重的姿态是最受推崇和欢迎的。不要幼稚地以为个人英雄主义就可以让自己出人头地，任何工作早已是系统控制中的一部分，越是管理完善的公司，个人越权的机会就越少，所以最完美的工作态度就是视工作为团队的工作，这样做的好处多多。首先可以减少自己的心理压力,不用把沉重的压力往自己一个人身上扛;其次会在不知不觉中调节与其他同事的关系,以求得稳妥的平衡状态;再者会更专注自己的强项,采取最有效率的方法去完成工作;此外,还可以将工作简单化程序化。

秘法二:懂礼仪学会帮助他人

在办公室上班,懂礼仪讲技巧的人最容易快速融入团队。经常对同事表示关心,可以增强团队的融洽氛围,同时又要眼观八路,一旦发现同事需要帮助就必须在第一时间上前帮助同事。这种默契需要时间来培养,但是必须从跨入办公室的第一天起就有这样的意识:我帮人人,人人帮我。同伴们的无私帮助,会给自己带来莫大的动力和欣慰。但前提必须是自己也是一个懂得帮人的人。

秘法三:享受团队成功的喜悦

团结最简单的表现就是齐心协力,好比划船队中的八个队员行动必须整齐节奏必须统一,如果再加上适当的技能那么离成功就不会太远。当船跃过终点线的时候,所有的队员都会情不自禁地击掌欢呼,这是因为他们一起承受了压力,一起付出了汗水,当胜利来临时,他们彼此传递了那种自豪的情感。因此一个团结的队伍,首先要有享受团队成功的愿望和勇气,并愿意为此付出。相比办公室的环境,最好的团结就是认同一个团队的目标,并分工协助。而这也是为什么那些对团队成功表现相当冷漠的人,自己非但没有动力而且也不会融于团队氛围中的原因。将团队成功的喜悦当成自己的喜悦,你会发现工作是那么有趣。

秘法四:少一点批评多一份赞美

要想做个被人团结或者团结他人的人,一定要学会用赞赏而非挑剔的眼光看待同伴,我们每一个个体都会有自己的长处和短处,而且性格差异也会很大,所以一定不能用自己绝对主观的价值观去评判他人。换一个角度去看问题,可能就会发现不一样的答案。我们尽可以对自己要求高一点,但对别人的要求低一点,这样至少让自己的眼中不会只有沙子。赞赏是认同的一种表现形式,赞赏也是同伴之间的润滑油。只要用真心发现同伴的长处,那么所有的赞赏就是美丽的。赞赏同事贡献的一个点子,一次努力,团结的气氛就会越来越浓烈。用建议替代批评,用赞美替代奉承,团结的力量就会越来越强大。

职场团结故事

Sue是一家市场调研公司的项目总监,她这样评价自己的团队:"我很享受我现在的工作,因为我们有一个强大的团队,每一个人分工明确又相互帮忙。没有特立独行的独侠客,我们一起分享成功的喜悦,也一切承担失败的压力。我已经在这里干了六年,丝毫没有任何倦怠感,团队的魅力实在太大了。我常常得到同伴的鼓励和赞赏，所以我一直保持着旺盛的工作精力。现在我也学会更多地去关心我的同事和伙伴，我们不提倡一圈子主义，我们看重团结的价值。"

魅力行走"她时代"

澳大利亚一项最新调查发现,女性管理者在职场越来越吃香!女性管理者的走红起因于女性拥有的六大优势,分别是:勇于尝试自己的想法,愿意挑战现状,拥有较高的志向,乐意参与竞争,有幻想特质和较强的表现力。女性管理者的异军突起,令本来由男性统领的职场发生了不小的震撼,甚至有人高呼:"她时代"来临了!研究女性职场价值的提升,不难发现是女性的自身魅力为女性创造了前所未有的巨大发展空间。

美国诗人普拉斯说过,魅力是一种能使人开颜、消怒,并且悦人和迷人的神秘品质,它像一根丝巧妙地编织在性格里,它闪闪发光,光明灿烂,并经久不衰。曾任柯达中国总裁的叶莺女士曾这样诠释她的职场魅力:"我的裙子很短,我的鞋跟很高,我的衣着色彩鲜艳,我从入行那一天开始就是这样,我不会改变自己。"纵观职场女性管理者成功案例,不难发现她们拥有很强的群体特征和个体特征,当然在她们的身上也刻印着鲜明的社会和环境特征。她们的自信,知性,优雅,迷人,乐观,进取,无时无刻不传染和影响着周围的人。这样的女性温婉中带着刚强,微笑中带着坚定,执著中带着包容,强势中带着平和。毫无疑问,在当今时代,女性管理者的魅力已成为一道亮丽的风景线。

开放和多元化的时代令女性有更多的机会步入管理者的行列,面对如此的良机,作为女性又该如何提升自己的魅力指数,为自己的职场生涯添加光彩呢?! 以下为你分享提升女性管理者的魅力六步曲。

提升女性魅力六步曲

第一步:人格魅力

人格是指人稳定而又统一的心理特质,人格决定了人的生活方式。对女性管理者而言,首先必须拥有稳定的心理能力,不受情绪操控。其次必须有良好的品德情操,用善良和正直生活和处事。再者对社会和环境要勇于承担责任。人格魅力虽然不能一天练成,但绝对可以随着年龄和阅历的增加而改善。视野宏观一点,心怀宽广一点,为人善良一点,得失看轻一点,恩怨淡漠一点,这样的女性管理者,其人格魅力就越发凸显。

第二步：知识魅力

我们早已进入了一个讲究学识的时代，女性的知性90％源于对知识的掌握，很多优秀的女性都拥有对知识的不倦追求，对我们普通职场女性而言，知识魅力来自对知识的渴望和更新，在拥有专业知识之外，还要博览群书丰富自己的眼界。一个固守原有知识不愿意与时俱进的人很容易被时代所淘汰。知识的魅力不在于曾经的学历，而在于在对新知识和对未来世界的探索。

第三步：资本魅力

马斯洛著名的需求定律影响了整个世界，如今有学者在他的五大需求之外还增加了三个新的人类需求，其中有一条就是对审美的需求。人们在生理需求、安全需求、归属需求之上，有了全新的对美感和艺术的需求，这是人类生活质量提升的标志。而身为女性，本身对美就有独特的感悟和追求。所以职场女性的美感能为职场带去缕缕清风，并化解职场的压力。于是女性管理者的资本魅力就自然成了重要的评判标准，懂美、爱美、享受美是资本魅力的体现。这也是世界500强企业都在公司内部开设美丽课堂，让那些现在的和未来的女性管理者可以接受相关的培训，并增长时尚气息的原因。职场女性的资本不在于天生有多漂亮，而在于整体有多和谐，有多得体，有多优雅。踏着10厘米高跟鞋"大战江湖"已是今日职场的风情之一，美女管理者在商界风生水起已是常事。

第四步：领导魅力

　　女性的领导力已成为当今最热门的课题。性别的优势和劣势共同造就了女性领导力的特殊魅力。在强硬和温柔中，在顺势和逆势中，在高调和低调中，在激进和保守中，在坚持和妥协中，在原则和人情中，女性可以通过自身的细腻和与生俱来的对生活的激情找到平衡点。女性领导魅力的建立和培养，首先要克服狭隘的心理，要有全局观念，不为生活琐碎所牵绊。其次要有敏锐的洞察力和果敢的决断力，"婆婆妈妈"的做派只能贻误良机。当然也要勇于承担责任和风险，更为重要的是团结周围的人，而不是走个人英雄主义的独木桥。女性领导魅力其实就是将女性的优势最大化，劣势最小化。最有魅力的女性领导手腕就是柔中带刚，刚柔相济。

第五步：意志魅力

　　女性的坚韧程度超过男性已是不争的事实。女性由于天生承担着哺育下一代的职责，因而有着超强的忍耐力和容忍力。一个优秀的女性管理者最闪光的地方或许就是她身上表现出来的意志力，在逆境和困惑中所呈现的镇定、坚强以及持久耐心。女性意志魅力通常表现为不轻易放弃，持之以恒。要培养女性的意志魅力，最简单的办法就是不断增强自信心，增强心理、生理和精力上的自我调整能力，以及"永不言败"的精神力量。女性的意志魅力和眼泪无关，有时眼泪只是女性内心表达的一种需求，或委屈或无奈或担忧或纠结,但在擦干眼泪之后所爆发的能量才是最美的瞬间。坚持,坚持,再坚持,这样的气势不是一般的对手所能阻挡的。

第六步:沟通魅力

　　女性自古就是善于沟通一族,用沟通解决问题与争端已成为职场女性管理者胜出的法宝。好的沟通就是一种攻心术,优秀的女性管理者用攻心术的战略赢得人心,赢得尊重,也赢得胜利。沟通魅力有两个主要特点,一是心与心沟通,以真心换真心,二是事与事的沟通,以解决方案为主要导向,而不仅仅拘泥于是与非,对与错。女性管理者的沟通魅力令职场呈现更多和谐友好的状态,而非极度的紧张对立。培养女性管理者的沟通魅力的途径有两条,一条从自身的"善解人意"出发,另一条就是技巧性的"换位思考",有了这两大法宝就能驾轻就熟地建立女性的沟通魅力。请记住沟通是女性管理者的最大优势,它可以传递爱心,可以安抚情绪,可以解决冲突,可以分享经验,更重要的是可以激励员工。

　　对一个优秀的女性管理者而言,除了上述提及的魅力建设外,还需要完成一项艰巨而又有意义的工作,那就是魅力传递,用自己言行举止、行为规范、能量价值去影响周围更多的人,体现一个榜样的作用和一个职场接力棒的作用。要做好职场魅力传递,必须要"六心合一":爱心,真心,诚心,用心,倾心,全心。将职场视为自己的舞台,更视为一个团队的舞台,而自身只是这个舞台中的一个角色,尽管从某种意义上说是一个被赋予重任的角色。一个职场女性管理者不仅需要提升自己的魅力指数,而且也要将这种魅力传递给更多人,感染更多的人,这便是女性管理者魅力的真正价值。

女性管理者可以从职场励志电视剧中学习魅力指数的提升方法。《杜拉拉升职记》中的 Vivian 就是一个典型的案例,她的身上充满着职业女性的进取心和独特魅力。她的从容、自信、优雅以及对新人的宽容都体现了一个优秀管理者的素质。电视剧版本中有三个场景特别点到了她自身不断完善形象的"给力"方法。第一个场景是为迎接品牌上市活动,这位资深的公关专家居然加班彩排,只是为了将第二天的活动做得更好。她用自己这种追求完美不断超越自己的方式影响了职场新人杜拉拉。第二个场景是当 Vivian 遭遇个人家庭生活的挫折时,她并没有把这种不良的情绪带到工作中,而是用非常专业的态度把握了公与私,情与理的尺度,令年轻的杜拉拉受益匪浅。第三个场景是在 Vivian 决定离职的那个瞬间,她敞开心扉地对杜拉拉分享了自己职场的得与失,并鼓励杜拉拉拥有自己的梦想并不断实践。Vivian 就是一个不断提升女性管理者魅力指数的榜样。

女性管理者提升魅力指数的十大给力 Tips

- 注重品德和修养的提升,光明磊落且恪守职业操守。
- 拥有职场梦想,并不轻言放弃。
- 保持内心的平和,无论是在顺境中还是在逆境中。

- 坚持学习,并以学习的态度面对每一个新的"今天"。

- 善待周围每一个人,用欣赏的眼光看待别人的长处。

- 感恩所有帮助过自己的人,并尽可能帮助他人。

- 将自己的美丽进行到底,决不用牺牲美丽和青春去换取所谓的荣耀。

- 永远懂得激励自己和他人,用积极而又乐观的态度行事做人。

- 妥善处理情感和事业的关系,做高 EQ 的强者。

- 注重健康加强锻炼,保持旺盛的战斗力和充沛的活力。

女性事业运程高涨妙计

女性事业发展会有三个明显的阶段，22～28 岁称为潜伏期，29～42 岁称为爆发期，42～50 岁则称为成熟期。孔子曰："不知命无以为君子。"君子须尽天知命，顺势而为。所以解读女性事业运程，首先要了解自己的事业雄心和目标。身处潜伏期的女性，事业的雄心可能是朦胧的，也可能是以某个榜样为蓝本。而身处爆发期的女性，必须十分清楚自己的目标，需要制订达到目标的计划和时间表。成熟期的女性则必须调整自己的目标，并完善自己的目标，让事业的目标变得更现实更可行。

分析女性事业运程，不难发现有四大主要特征。第一特征，找到自己喜欢并适合自己发展的事业；第二特征，事业发展顺利，有众人帮助，朝着自己如愿的方向有节奏地往上攀升；第三特征，付出得到回报,业绩显赫,能让自己享受事业带来的乐趣;第四特征,事业基础稳固,同时安享事业和生活的平衡之美。

每一个阶段的事业运程会有不同,但关键是如何掌控自己的事业运程,又如何助自己的事业运高涨。天时、地利、人和,三者缺一不可。开始行动吧,从现在起为自己的事业运助威!

事业运程的"天时/地利/人和"十要素

要素一:品行端正

事实证明,品行端正的人受欢迎和尊重的程度偏高。即使工作偶有疏忽,也能得到体谅或抚慰。善良崇高的人得上苍眷顾已是不争事实。

要素二:知识丰富

知识的积累,可以实现对人的重塑。常言道:知识就是力量。知识越丰富,作出贡献的机会也会相应增多,并因此受到普遍尊重。当机遇来临的时候,知识就是事业升迁的云梯,知识越多云梯也就越高。

要素三:自信心强

自信心是战无不胜的法宝。有自信心的人在困难和挫折面前总能表现出不折不挠的精神,用旺盛的精力,饱满的情绪迎接每一天。这样的独特魅力会营造强大的气场,不仅能为自己加分,也能影响周围的人和周围的环境。

要素四：善用机会

机会是等待有准备的人，女性的事业发展路途中一定会面临各种机会，渴望机会并善于让机会找到自己，不错失任何有价值的机会信息，成功的概率就会更高。

要素五：发挥优势

每个人都有自身的优势，善于扬长避短，能促使自己长处和优势更加突出，从而提高自己的整体形象。优势是参与竞争的基本条件，随着年龄的增长，女性的优势会有所改变，但只要突出优势，其增值的空间指日可待。

要素六：真诚豁达

真诚的人才能与人更好地进行思想和心灵的交流和沟通。心胸开阔和处世大度的人，善于原谅、体谅他人，从而也得到他人的宽容。斤斤计较的女性是无法在事业上走得更远的。

要素七：态度平等

地位、身份、职业和贫富造成的差距，会导致自大和自卑的人生态度，唯有拥有平等态度的人才能获得更多人的支持和帮助。

要素八：乐于助人

乐于助人是高尚情操的体现，也是与人交往中的基本原则。乐于助人的人与人互动时更合拍和洒脱，甘愿吃亏甘心付出，能得到更多人的首肯。

第二篇　我们是 Lady，我们很 Gentle

要素九：欣赏他人

欣赏就是以一颗友好的心态从特定的角度去挖掘和张扬别人的优点和长处。欣赏他人可以改善沟通关系，也使别人以欣赏的眼光看待你，以合作的态度辅助你。

要素十：巧借外力

个人的力量难免势单力薄，有时甚至显得无能为力。巧借外力，能够造成一种合力从而攀登高峰。如依靠团队，恩师，上司，甚至是客户的力量。

女性事业运走高六大迹象

迹象一：遇上良师

很多女性刚进入职场时，如果表现得有学识又有活力，便很容易被上司选作副手，这为潜伏期的事业女性提供了绝佳的机会，只要努力工作，踏实肯干，一定能得到上司的栽培。遇上这样的良师型上司，请时刻准备着和他沟通自己的归属感和事业梦想，他们最乐意看到下属因为自己的培养而成才。

迹象二：发现潜力

当很多女性全身心投入事业时，未必可以展现自己所有的能量，但因为一个偶然的因素被发现了未曾发现的潜力，这种潜力恰恰是团队中最稀缺的，于是就得到了上司和重要决策者的关注。遇上这样的境遇，请不要得意忘形，要不动神色地好好筹备，因为

Helen说，
在职场要像向日葵一样成长

笑到最后的才是胜利者。

迹象三：入选梯队

在人才济济的职场，如果有一天被通知去参加一个类似于管理层的培训班时，恭喜你入选了后备力量的梯队。这可能是你长期出色的工作表现所致，也可能是你最近漂亮地完成了一个项目，面对这样的机会一定要好好把握。首先要认识到自己最短缺的地方，并寻找扬长避短的方法。千万不能因骄傲而早早地"翘起了尾巴"，"夹着尾巴做人"是真道理。

迹象四：临别推介

女性的事业运程和自己的努力是分不开的，但是有时机会并不能如愿到来。很多共事已久的同事在临别时的给力推介，或许就是最好的"拉一把"。这个时候一定要怀着感恩的心理，并随时作好"上位"或者"下位"的准备，拥有这样的心态，机会反而会来得更快些。

迹象五：火候成熟

如果说上述四种迹象都是"被增值"，而火候成熟完全是自我的行为。论资排辈是职场不成文的规矩，如果工作的年限到了，经验够了，能力强了，一切都到位了，即使在现有的环境中没有拉升事业运程的时机，也完全可以用"跳槽"的方法，找到自己全新的事业舞台。这个时候对自己合理的评介和判断最重要，因为曙光已经出现。

迹象六:性别优势

女性的性别优势在职场已经很明显,女性事业运程高涨有时也是性别所致。在某些职位上,女性的作用甚至超过男性,在有的团队配置一些优秀的女性是企业家们的宏观决策之一,所以当发现性别优势可以在工作中得到体现时,首先要做的就是沟通,用沟通的方式让自己的优势放大。这样事业运程高涨的良机也就随之而来。

女性事业运程高涨五大妙计

妙计一:尽早规划,及时调整

事业的有效规划决定了事业的宽度和高度。著名的心理学"彼得原理"显示,一味地追求高升未必是好事。美国学者劳伦斯·彼得在对组织中人员晋升的相关现象研究后,得出一个结论:在各种组织中,雇员总是趋向于晋升到其不称职的地位。彼得原理有时也被称为向上爬的原理。这种现象在现实生活中无处不在:一名称职的教授被提升为大学校长后,却无法胜任;一个优秀的运动员被提升为主管体育的官员,却无所作为。所以规划事业,不一定是规划向上爬,而是寻找适合自己的岗位,让自己拥有更大的满足感。

妙计二:坚持学习

只有不断更新知识,才能加快向前走的步伐。天道酬勤,勤勉的人一定会得到相应的回报,学历、能力和资历比不上真正的潜力,挖掘自己无限的潜能才是永葆事业运程的法宝。除此之外还要有持之以恒的毅力,用坚忍的意志完成事业的梦想,半途而废的人是很难征战事业疆场的。

妙计三:当好学徒

在管理学上有一个典型说法,只有能当好学徒的人,才能够成为经理;越是容易被别人管理的人,越容易被选去管理别人。很多公司都愿意给员工提供轮岗的机会,让他们在不同的岗位上做学徒,那么将来就有机会去领导所有的岗位。一个愿意服从管理的人,就会在现有的管理体制下学习和分享管理的经验,任何一轮上司都会是他学习借鉴的榜样。所以要持续事业运程,就不能怠慢任何一次学徒的经历。

妙计四:保持健康

保持身心的健康,无论是心理和生理。女性事业运程与健康有着息息相关的关系。一个缺乏活力、体弱多病或者心胸狭隘多疑、忧郁自闭的人,是无法在事业上有所作为的。电影《穿 Prada 的女魔头》真实展现了当下高强度的工作令很多事业女性身心疲惫的场景,所以要学会合理调节自己的身心,保持充足的精力和活力。一个神采飞扬的女性在事业上蓬勃发展的机会多过一个暮气沉沉的人。

妙计五：与同性良好互动

女性事业运程一定离不开同性的帮助，很多在职场的女性忽略了这一点，以为异性相吸同性相斥是真理。殊不知很多女性的事业提携者却是来自同性，有调查显示女性管理者在事业的三大阶段发展过程中，深谙女性的力量和女性的作为，所以在选择接班人的时候，更多会偏向同类，特别是有些工作岗位，女性的优势是显而易见的。所以能否与同性良好相处，决定了女性能否拥有更多的伯乐和推荐者。

职场女性的友人计划

身在职场，要不要建立同事友谊，职场友人是多多益善还是应该少而精，如何保持职场中的友爱关系，这是很多职场人都曾有过的疑问和困惑。还有很多女性会询问，职场是密友可靠，还是盟友重要，姐妹档有用还是异性帮有价值。今天就让我们一起来探讨一下职场女性的友人计划。人类学家罗宾·邓巴教授在他的新书《你需要多少朋友》中，用遗传学来解密人际关系，他认为人类生活群体的最佳规模是 150 人，而 150 人的社交圈中核心人数只有 3～5 人，所以职场女性的友人计划不妨选择 1＋3 模式——一个盟友加三个好友。

盟友：互为同盟，互为关爱

现在很多公司会执行360度考核制度，其中有一条就是让员工推荐4个受访的人对自己进行评价，他们可以是上司或者与下属平级的同事。如果这其中有你的盟友，那么恭喜你至少四分之一的好评已经拿到了。盟友就是那位永远支持你，永远维护你的那个人。盟友并非是不分是非好坏的人，而是指会在你有需要的时候挺身而出，帮助你的困难、分享你的快乐的人。所以有盟友就是多一双手，多一份关爱，多一个依靠，多一份支持。

盟友未必是上司、下属或者一起工作的团队成员，盟友只是价值观接近、气场合拍、趣味相投的人。千万别以为上司可以发展成为盟友，因为毕竟他们有自己的生存压力和技巧，所以真正的盟友还是那些身份地位和自己比较相似的人。他们也未必像密友那样吃喝玩乐在一起，甚至在众人面前他们与自己还保持着一定的距离，并不是那种亲密无间的类型。

Eliena刚到新公司报到的第一天就遇见了质量控管部门的Michelle，虽然她们只是一面之交，却对彼此留下了很好的印象。后来Eliena无意中了解到她们都是清华大学的毕业生，就主动向Michelle了解公司文化和内部机构。Michelle给了Eliena很多好的建议，让Eliena受益匪浅。她们虽然在同一公司工作，但工作内容完全不同，也隶属不同的部门和老板，但这不妨碍彼此的提携和帮助。在后来的三年里Eliena和Michelle成了真正的盟友，她们可以私底下讨论公司的决策方向,探讨彼此发展的空间,甚至指出对方的弱点。她们比同事像朋友,比朋友像死党。

盟友可以做的十件事

- 绝对支持你的工作。
- 听到背后意见会帮你客观分析。
- 和你分享公司里的内部消息。
- 可以为你站出来澄清事实。
- 在你受到伤害时为你抱不平。
- 真心指出你的弱势和缺点。
- 永远鼓励你往前走。
- 客观分析你的对手。
- 第一个为你的成功而鼓掌。
- 成为你的精神伙伴。

好友:共同工作,共享荣耀

职场的好友就是团队的伙伴,或者协同工作的支持者。别以为好友一定是平级的人,任何上司下属都能成为好友,甚至是来自不同职能部门和管理部门的人,来自核心团队和后台支持单位的人都有可能成为互为信任、共同工作、共享荣耀的好友。办公室的人际关系说复杂很复杂,说简单也很简单,公事对公事的就是同事关系,在普通的同事关系之上,培养和发展两三个好友,就能让职场生活变得有趣,变得友爱,也变得有意义。

好友关系可以这样建立起来——

第一,助上司发展,与上司为友。Joanna 大学毕业获得的第一份工作,就是在一个年轻的香港同事身边做助理,那时她刚走出校园,不了解社会,经常会用学生的思维看问题。香港同事年长她五岁,像一个大姐姐般细心指导她。很快她对自己的工作就开始变得得心应手,而且她也积极帮助香港同事。不出两年香港同事就晋升为部门经理,而 Joanna 也成了她的得力干将,她们常常一起出差,一起参加晚宴,客户们都开玩笑地说这是一对标准的姊妹花。Joanna 不仅从香港同事身上学到了很多新的知识和技能,同时也很好地辅助了她的发展,后来香港同事成为了公司副总裁。Joanna 为香港同事的事业起飞而高兴,也为有这样的职场好友而欣慰。如今她们已经不是同事,但依然保持着很好的关系,并互相为对方加油打气。

第二,从陌生到熟悉,从熟悉到知心。Renee 当年从国营单位转工到外企时,有很多的不适应,甚至和同事也不能很好沟通。而她的邻座就是一位一切以结果为导向的同事,当 Renee 不能把最后的结果呈现出来的时候,她总是会当着很多人的面批评她,这让 Renee 倍感压力。但渐渐地随着两人一起工作的机会越来越多,Renee 也受到她潜移默化的影响,也学会了工作以结果为导向,于是她的工作开始步入正轨。为此她非常感谢她的邻座,因为差异性反而让她有机会学习和提高,一次聚餐她们还发现了彼此之间有很多共同的爱好,于是两人慢慢地变得热络起来,平时除了工作也交流生活的心得。虽然后来她们被分到了不同的工作小组,却不影响她们成为职场的好友。Renee 暗地里以她为榜样,做起事来也越来越有条理,深受上司们的青睐。Renee 一直感激有这样一位好友,曾经做了她的引路人。

第三,把督导当陪练,慢慢变好友。很多公司有完整的培训系统,甚至内部也有培训师、督导师。职场人容易和培训师和督导师做朋友,原因就是他们拥有丰富的知识,也拥有长期人事管理的经验。更重要的一点是,这样的人注重沟通,很容易和他人沟通并倾听反馈。所以时间一久,就容易让职场人心生好感和认同,愿意和他们交流真实的想法,遇上职业发展的瓶颈,也愿意向他们讨教职场的经验。所以找个督导做好友,可以让职场发展变得更顺畅。Fanny 本来就是公司的业务干将,工作能力人人称赞,但就是情商不高,很容易和同事闹矛盾,这让上司很是为难,明明是一个可以为公司创造财富的人,怎么就那么不受欢迎呢? 后来公司推行了一个训练计划,Fanny 受邀和培训师一起工作,并在工作中实践相关的理论。Fanny 除了获得了这些最新的职场发展资讯外,还和培训师交上了朋友,这也让她看到了自己身上的缺点,在以往的工作团队中大家关注的是业绩,所有的讨论和交流也都和竞争有关,唯独在和培训师一起她才发现职场也不是人人只关心业绩和奖金,还有那么多内容可以进行内心修炼。这个发现甚至比销售指标和提成更令 Fanny 兴奋。

第四,别忽略公司的小人物,这样的友情更靠谱。职场生存压力大,所以很多人不知不觉中变得自私自利,甚至在寻找职场好友方面也变得功利。然而职场中的那些小人物,更容易珍惜友情,也更愿意分担和分享,虽然他们没有大权在握,但他们的细心配合,周到服务,善解人意都能给自己的事业带来帮助。Nelly在一家外贸公司工作,她的工作需要去不同的外贸厂谈合作,下订单,还要交涉质量问题。Nelly的好友就是办公室里那个最默默无闻的单证员,她一直坐在办公室的角落里协助各外贸专员完成他们需要的文件和报表。Nelly刚开始也没有注意到她,但一次客户的突发事件,Nelly要求跟单员24小时等候,结果她不仅没有任何怨言,而且还去买了夜宵留给Nelly,让Nelly看到了她的善良和勤勉。后来在工作空余Nelly和她交流,询问她要不要出去深造,以后可以从事更好的工作拿更好的薪水,淡然的她淡定的回答:我就喜欢做单证员。此后,Nelly在外出差回来都会给她捎带小礼物,而她也常常把妈妈做的可口饭菜带来给Nelly品尝,以至于有时Nelly遇到情感问题都愿意找她倾诉,她就这样默默地陪着Nelly哭笑,甚至撒野。Nelly觉得在办公室有这样一个好友,心里特踏实。

职场女性友人计划三原则

原则一:己所不欲,勿施于人

如果对盟友好友有标准,那么自己先做到这个标准。一个不关心人，不照顾人，不体恤人的人是不会有别人来关心照顾和体恤的，虽然友情不是绝对的等式，但只有自己先付出，才能得到真正的友情。

原则二：做一个行为规范的人

职场的友情也是建立在遵守行为规范准则之上的，不能为了所谓的友情而做出不文明、不合法、不理智的行为。无论盟友还是好友，首先必须互相监督，互相管理，以做一个守规矩懂礼节的人为前提。

原则三：友情不等于小团体

职场友情不是小团体，不是拉私帮，而是在职场的范围内寻找情趣相投的人。这样的友人比同事关系近一点，但不同于孤立在集体之外，而只是在宽泛的同事关系中，有两三个心灵走得更近的人，便于分享和交流。

与能人共事的智慧秘笈

　　我们总有机会在职场和能人相遇：要么你成为了能人的下属，在他的指点下迅速成长；要么你找来了一个能人下属，让你的团队熠熠生辉；要么你有一个能人同事，你们并肩作战，既是对手也是战友，共创辉煌。但有时我们面对能人不由得会犯点困惑：能人真的能干吗？能人好相处吗？能人发挥的能量会压迫人吗？

　　让我们一起来解读职场能人的定义吧。首先必须拥有一定的专业知识和一定的工作经验，其次有很好的观察能力、思维能力和动手解决问题的能力，当然还必须拥有一定的人脉关系。能人通常会有如下特征：思路清晰，做事迅速，有时还必须能说会道。这样的能人一定在某个领域有过人的成绩，但作为个体来说，未必十全十美。所以在职场如何与能人相处共事就成了一件有智慧的事情了。

职场共事成功故事

故事一：向能人老板靠近

雅芳化妆品全球 CEO 和董事长钟彬娴如今已经是全球女性商业精英，但她的成功离不开万斯女士的提携。钟彬娴加盟美国 Bloomingdales 百货公司后发现公司高层万斯女士绝对是个不可多得的能人，她自信机智，进取心强烈，是成功女性经理人的楷模，于是她主动结交比自己职位高很多的万斯女士，并带着很多职场问题虚心讨教万斯的指点，她的谦虚和好学很快引起了万斯的注意和好感，于是在 Bloomingdales 百货公司万斯女士成了钟彬娴的职业领路人。随后在她的帮助下，钟彬娴升迁得比别人都快，到了 80 年代中期已成为销售规划经理。1987 年当万斯女士成为女性奢侈品 I. Magnin 公司第一个女 CEO 的时候，她建议钟彬娴和她一起去，钟彬娴答应了。钟彬娴职业生涯从此进入了一个全新的领域和高度。"我认为那些能够提升你职业前景的人很重要，这就是为什么我做到了当今的职位。"钟彬娴说，"我建议人们要抓住能带你飞翔的人的翅膀。"

故事二：建立能人团队

1999 年陈天桥创建了盛大网络，早在 2002 年 5 月他就对外宣布已经组织了研发团队，自己进行游戏开发。由游戏高手组成的自主开发团队随后进驻了上海张江高科技园区，新的《传奇世界》拥有明晰的独立知识产权。凭借《传奇》游戏,陈天桥在中国网络游戏市场上演了自己的人生传奇。2003 年陈天桥就跃升为中国首富。如今盛大网络员工接近 700 人,平均年龄不到 25 岁。随着公司的壮大与成熟,陈天桥的盛大网络形成了"创新、沟通、乐趣"的自身风格与企业文化,他领导的众多能人和技术骨干正在为他和他的王国创造着财富。

与能人共事的三大基本原则

基本原则一:优势互补求同存异

与能人共事不是简单的妥协,而是优势互补求同存异。能人一定有过人的能干之处,但每个人都有缺点,看看身边的能人,我们不难发现他们有的不够专注,有的没有耐心,有的脾气急躁,所以要和能人和谐相处,必须柔性管理,柔性接触,既要充分发挥能人的优势,同时也要弥补能人的弱势,让他们也发现"你中有我我中有你"的道理。

基本原则二:协同作战齐心协力

在现实生活中,有的人喜欢与人合作,也善于与人合作,因此能得到较多的成功,也产生了"三个臭皮匠,顶个诸葛亮"的效益。但是,自我感觉良好的能人更容易犯错,他们一旦刚愎自用就会丧失能人的优势,与人合作不利,从而丧失了把握成功的机会。中国有句古话:"一根筷子易折,十根筷子难断。"每个人的能力再大也都会有限度，因此要成功必须要与人合作。才能就像筷子一样，十根筷子的力量足以抵抗外力，和能人共事首先要提倡团结的力量和集体的力量。

基本原则三：恩威并重奖惩分明

和能人共事是福，但有时也是"祸"，因为必须技高一筹才能驾驭这种人际关系。如果下属是能人，则必须恩威并重，更要奖惩分明，否则容易让能人们相互偷懒不出力，甚至还滋生出很多不必要的麻烦。如果同事是能人，那还要拥有化敌为友的工作精神。如果上司是能人，那么只有一件事可做，学习学习再学习。

与能人共事三大智慧秘笈

秘笈一：给更高的目标，让能人飞得更高

给能人下属制订一份较高的目标吧。这好比是一个弹簧，压力有多大反弹力就有多大，能人们才不屑那些举手之劳的工作呢，他们更渴望能显示能力有挑战的工作，所以千万别吝惜应该下达的指标。Dickson 曾是金牌销售，被一家五星级酒店挖角过来后，她的上司马上意识到如何能更好地与 Dickson 互动最重要，这样的能人需要刺激也需要鼓励，所以他为 Dickson 制订了一份详细的工作任务表，这份任务比原来的销售总监承担的量增加了30％，上司就是想考验 Dickson 的能力，同时让她不能对现有的工作掉以轻心。Dickson 受命的那一天就开始变得斗志昂扬，因为

她知道她不仅在为自己曾经的荣耀而战,更关键的是她想依靠自己的实力创造新的工作辉煌和新的个人价值。30％看似不可能完成的使命,给了 Dickson 压力,同时也是无穷动力,她每天像一部高速运转的机器,工作时间长达 12 个小时,并以酒店为家,维护原有客户关系并建立新的客户关系。当临近年底的时候,她终于完成了自己的工作指标,这个骄傲而又自信的女人终于长叹一声:我没有辜负你们的期望。

秘笈二:寻找能人的弱点,并真心辅助他前行

　　谁会没有弱点? 能人的弱点有时更明显,这是因为他们在超强的工作能力之余,一定会忽略自己的其他地方。无论是上司还是同事,面对这样的能人,最好的办法是找出他们的弱点,并真心辅助他们前行。千万别指望可以改造能人,最妥帖的办法是让他心服口服,然后将能力发挥到最大化。Isabella 法国名校毕业,年轻美貌,能力突出,有足够骄傲的资本。在全球知名的市场调研公司任职,颇得客户好评。但做她的同事或者上司就不那么容易了,她做事极为迅速,反应超快,但 Isabella 也有致命的弱点就是不够仔细。所以在一个团队中,上司不得不指派另外一个业务能力强,做事谨小慎微的人一起辅助她工作,否则一定会有不小的漏洞,给公司造成不必要的风险。Isabella 刚开始对上司这样的安排很不解,以为是上司不放心自己的独立工作能力,要安排一个眼线在自己的团队,并一度表示出不满的情绪。为此 Isabella 的上司与她

进行了数次沟通,并真诚地告诉 Isabella 的短处和弱点,当然也明确指出新派来的同事是弥补她的短缺,从而让她的长处可以好好发挥。经过半年多的磨合,Isabella 不仅认同了上司的看法,也对自己的伙伴表示了极大的感激,好几次都是同伴在关键时刻发现并纠正了错误,才使 Isabella 把市场调研工作做得尽善尽美,年终时 Isabella 不仅被评为公司最佳员工,还得到了全球客户的一致好评。

秘笈三:服从大局,适当时机说"No"

　　遇上能人老板或者同事,成长的机遇比较大,因为从他们身上可以学到很多经验,但实际生活中能人都比较好强,也容易推行强势的沟通方法,比如居高临下,比如固执己见。与能人最好的沟通方法就是服从大局,但在适当时机要说一声"No"。Melody 在公司营运部工作做秘书,上司很强权主义,但不得不承认他为公司在营运方面作出了很大的贡献,营运部的其他三个同事也是能力超强的人,所以做他们的秘书可不那么容易,不仅他们内部有矛盾,而且和其他部门也会有不小的冲突,但 Melody 是一个心智成熟的人,她在营运部工作获得的最大成就感就是可以很好地平衡同事间的关系,部门间的关系。她对同事表示出极大的尊重,更多的时候是服从大局,但她也懂得在适当的时候发出自己的声音,有一次公司举行年会,企业形象部坚持在五星级酒店举行,但营运部发现公司签约的酒店都已经订满,所以营运部的经理建议选择一个在供应商名单上的四星级酒店来举行公司年会,并要求营运部的同事们开始落实。但双方并没有就此事达成共识。Melody 在收发邮件的过程中发现了事情的严重性,于是在一个周五的中午,她主动邀请上司一起吃饭,并提出了自己的见解:如果我们把酒会的时间稍作改动,就既能符合公司采购要求也能满足企业形象部的要求。上司这才发现这个只会说"Yes"的秘书,还是有一套的。

Helen说,
在职场要像向日葵一样成长

职场锋芒显露进阶式

职场上有两种人，一种是锋芒毕露者，一种是韬光养晦者，两者各有千秋各有所长。前者指将人的才干、锐气全部显露在外面，通常也形容有傲气好表现自己的一类人，后者指隐匿光彩甚至才华，收敛锋芒，通常指外在中庸平凡但内心丰富的一类人。

职场上到底哪一类人受用，这完全取决于环境和个体的综合因素，未必锋芒毕露的人永远是战无不胜的人，也未必韬光养晦的人永远得势又得意。所以我们判断何种状态可以适应职场，不如从三个方面考虑。首先是公司文化，最典型的案例就是著名的日本松下公司，其用人理念是只用具有 70％能力的人，而不用业界最优秀的人。因为这些人做事更认真，而且友善、谦虚，对上司和同事更具亲和力。在以松下公司为代表的日本企业更强调团队合作精神，个人的锋芒毕露并不被认为是一件好事，因而满腹才华的人在这样的日本公司就不能太过嚣张。想反在欧美创意产业的公司，更强调员工的才华和个性，推崇锋芒毕露的年轻人，越是敢作敢为越是拥有光芒万丈的职业机会，所以在这样的公司锋芒毕露的人就找到了一个适合自己的舞台。其次是职场的阶段，并不是任何阶段都适合锋芒毕露，特别在初入职场的时候或者转工加入新的企业，必须以了解公司文化为首要任务，而不是不知天高地厚地横冲直撞，否则受伤的一定是自己。初涉职场的人往往都急于要显露自己的才能和实力，盼望尽快得到他人的认可，容易犯急于求成和凡事都要争先的毛病，甚至破坏职场既定的游戏规则，过早地掀起和卷入竞争，这样就会形成某些潜在的被动。所以锋芒最好在职场地位相对稳固之后显露才可能较为安全。再者是个人条件，现在有些职场人盲目自信，骄傲自满甚至是井底之蛙，自以为看到了整个天空，就可以展翅高飞，殊不知自己的能力、学识以及人际网络尚有待改进和提升，对整个竞争环境缺乏正确的认知，特别是对自己的评估不够真实，反而锋芒毕露让自己职场之梦早早结束，备受打击。总而言之，职场需要锋芒，但必须适时适地，必须有天时地利人和的大局观。

时代的发展，给更多有才华的人创造和提供了机会，锋芒终有机会显露，只是显露是需要讲究技巧的，这里分享四招职场锋芒显露的妙法。

四招显露职场锋芒

第一招：谦虚＋谨慎，修炼职场礼仪

　　谦虚使人进步是千古不变的硬道理。在职场谦虚的人也是一个懂得职场礼仪的人，有锋芒但懂得尊重长者，尊重知识，尊重对手，那就更加有魅力了。通常有锋芒的人不善冷静，容易浮躁，所以要想在工作上取得好成绩，首先要学会沉静和谨慎，三思而行从而事半功倍。锋芒不能用来针对人，应该针对事，因此建议有锋芒的人还要学会主动而又积极地去化解工作中遇到的困难，让锋芒成为促进成功的利器。

第二招：务实＋绝活，确立职场地位

　　任何工作团队都可能有新老之分，有能力差异。务实的工作态度永远受到团队的欢迎，只有锋芒没有行动力的人一定不招待见。一个公司的待人处事、工作流程的安排等，都早已在老成员那里形成了"不成文的规定"，此时，指手画脚特立独行的处事方法都有可能成为失败的根源。除了有务实的能力之外，还必须拥有自己的绝活，也就是所谓的核心竞争力。用自己的专长说话，将会打遍天下无敌手，真正的锋芒其实就是某种他人无法取代的"强项"。用务实和个人的绝活确立职场地位，从而寻找合适的锋芒毕露的机会。

第三招：耐心＋毅力，等待发力时机

　　职场生存和发展的重要条件就是耐心和毅力，纵然有高学历，

第二篇　我们是 Lady″我们很 Gentle

155

没有历经职场的磨难,也是不可能到达职场巅峰的。有锋芒也要有耐心,因为不是任何阶段任何时间都适合锋芒的显露,更关键的是第一次的锋芒毕露,必须是面对合适的事件,确切而言锋芒毕露是必须有计划有步骤的。茫然出击的人只会早早地将自己尚未强健的翅膀折断。收藏自己的锋芒有时是一种能力,也是一种厚积薄发的动力。

第四招:刚性＋柔性,制造锋芒威力

职场的锋芒至刚则易折,至柔则无形,所以最好的锋芒就是刚中带柔,柔中带刚,既能不伤害他人或伤害自己,也不会没有威力或者无影无形。职场的锋芒应该是一把恰到好处的利剑,既能劈开前进的荆棘,又能装饰自己。太过咄咄逼人的锋芒刚有余而柔不够,虚张声势的锋芒是最没有价值的一种,既没有威力又露了自己不足的底气。

职场专家给职场年轻人的七大锋芒提示

提示一:要有锋芒,否则会淹没在茫茫职场中。

提示二:不能急于表现锋芒,否则容易将自己定格在被竞争的位置上。任何失误都可能成为被攻击的理由。

提示三:不要急于升迁,优胜劣汰是永远的游戏规则,耐心等待一切真正属于自己的良机。

提示四:好胜心没有错,唯一可能错在太过好胜,所以职场发展的计划性和时间表就变得相当重要。

提示五:给自己一个正确的定位,然后学会适应环境。

提示六:看淡利益,不要为追求眼前的利益而斤斤计较,将自己的锋芒放错了地方。

提示七:永远记住自己的不完美,这样就不会过于自大。

职场专家为职场专业人士的五大锋芒提示

提示一:有锋芒者未必需要时时露锋芒,更多的时候要谨言慎行。

提示二:有锋芒的人最容易犯的错误是自恃高傲看不起人,其实锋芒者不仅需要上司的赞赏,还要得到下属的认同,所以千万不能轻视地位不如自己的人。

提示三:作为职场专业人士,无论有多少本事多少锋芒,优秀的工作业绩是前提。

提示四:深藏锋芒者,一定要在关键时刻勇敢出手。露锋芒就是为了赢得一个胜利,任何犹豫彷徨都可能导致错失时机。

提示五:职场人士的一个重要人性弱点就是容易抢功容易在荣誉面前迷失自我,锋芒者必须做到自律,不贪功不嚣张。

锋芒显露的职场故事

Brenda 早年在欧洲读书,大学选择了瑞士著名的酒店管理学院学习,毕业实习也赶上了全球经济最好的年代,由于她拥有出色的酒店管理经验，而且在欧洲、东南亚都有实战经验，当一家五星级酒店集团向她抛出橄榄枝邀请她回到中国任总经理一职时，她的心情变得非常激动，她说她就是为了这一天而来的。

初回中国，Brenda 面临了少许的不适应，因为这里的员工都是以听话见长的，没有人愿意更多展现自己的才华，于是她在员工大会上鼓励大家说，我们这个行业可以不论资排辈可以没有年龄优势，我们需要的是勇于创新敢于承担责任的员工，她还以自己为例，在国外酒店实习，她不仅努力工作，还特别留心观察酒店的服务流程，当她实习临近结束时已经交出了一个完善的酒店服务流程提升方案，让管理层暗自惊喜，因为这种老牌酒店一直以为自己的服务是最好的，连员工也都墨守成规，直到Brenda 的出现，他们才不得不承认这个时代已经发生了变化，酒店的目标人群也已经发生了变化，如果再不做调整可能就将面临危机。

鉴于 Brenda 的出色表现，她的实习成绩理所当然地获得了高分，甚至未毕业已有酒店集团来"订购"她了。Brenda 希望在中国的员工要有主人翁精神，要把酒店当成自己的家，要勇于探索新的理念。而她自己也为年轻人做出了好榜样，在每一次酒店管理层会议上，她都开门见山地进行批评和自我批评，她的锋芒永远对事不对人，虽然她每一天面带着微笑上班，但酒店上上下下没有一个人不感觉到她的锋芒所在，她注重礼仪修养，但却要求极度严格，她在大事上掌控方向，同时也在小事的细节上面面俱到，Brenda

最近被酒店集团评为全球最佳管理者,她的得奖感言就是:感谢集团给了我一个崭露锋芒的舞台,我用我的锋芒创造佳绩。

Brenda 成功的关键

- 锋芒是累积起来的能量。
- 锋芒必须有一个合适的舞台。
- 最好的锋芒不伤人。
- 有锋芒同时也有修养。

与咆哮保持 1.2 米

职场的幸福感源自智商＋情商。冲突，咆哮，秘密，流言，暗箭，何尝不会发生在我们的身上，我们可独善其身，可与异己共舞，但千万别忘了和上司沟通交心。我的实战经验告诉我，好好调节人际关系不失为上策！

与咆哮保持 1.2 米

咆哮通常是愤怒的情绪下产生的反应,通常表现为大喊大叫。这也是久聚压力下的一种外界释放。办公室因为受人际关系的紧张和工作强度压力的双重影响,有可能演变成咆哮的竞技场。咆哮可能来自上司,可能来自下属,也可能是外来的客户,遭遇咆哮时我们是直面面对,还是消极回避,不妨让我们来尝试一种有效的办法——与咆哮保持 1.2 米。

美国人类学家爱德华·霍尔在 20 世纪 60 年代进行了一项研究,并提出一套名为"人际距离学"的理论。这一学说认为,每个人与外界的边界并不是自己的身体,而是我们每人各自的"气泡"(bubble)。所谓气泡,指的就是我们觉得需要与别人保持的空间距离。如果这个空间被人突破,就会感到不安,自觉或不自觉地后退。人与人之间的空间距离,是人际关系密切程度的一个标志,也是进行人际沟通的信息载体。霍尔的理论把人际交往距离划分为四个区域:(1)亲密区:0~0.46米,适用于亲密关系。(2)熟人区:0.46米~1.2米,适用于老友关系。(3)社交区:1.2米~3.6米,适用社交关系。(4)演讲区:3.6米以上,适用于公众关系。如果把办公室的人际关系定义为简单的社交和沟通关系,那么无论遭遇怎样的坏情绪,遭受怎样的咆哮,1.2米的空间距离足够给我们带来一道保护屏障。

办公室咆哮四种情况

情况一:骄傲自大的发泄

　　骄傲自大的人可以不分场合发脾气,根据心理学原理这也体现了一种儿童型的自恋,在他们的意识中地球是围着他们转动的,所以他们的情绪就是别人最好的行动指南。他们希望像上帝般控制着周围的人,在他们的潜意识中根本没有不合理这一说法,因为他们觉得自己的重要性和霸权地位已经无法替代,他们可以无所禁忌地在办公室这样的领地中发怒。骄傲自大的咆哮者未必是公司的最高层,通常是夹在中间的对公司业务有明显贡献的、职场发展前景趋于明朗的、颇受公司某个高层欣赏的人,这种咆哮通常是对自己的一种无上肯定的表露。

情况二:盛气凌人的表演

　　别以为发怒一定要是真实的气愤,办公室里的咆哮完全可以是为了表达盛气凌人的姿态而故意作为,确切地说这是一种演技。这样的咆哮有时发生在众目睽睽之下,为的是达到"杀鸡给猴看"的全景效果;有时是用对下属的咆哮演给其上司看的一场好戏;有时仅仅是心血来潮满足一下演戏的欲望,让众人在不分青红皂白的情况领教了权势的威严。盛气凌人的咆哮者通常是公司里享有实权的负责人或者有强有力后台支持的中高层管理者。

情况三:提升安全感的伎俩

别以为关注度只有明星需要,身处职场的人也会因为缺少关注度而变得没有安全感,所以间断性的咆哮可以吸引眼球也可以解除自己内心稀缺的安全感。这种人通常不太善于分辨和表达自己的负面情绪,无论沮丧还是脆弱,无论失望还是嫉妒,他们只是将自己的不满和忐忑最终都化作了满腔的愤怒。为安全感而咆哮的人可能是公司刚上任并没有太多追随者的管理者,或者是那些苦苦在第一线拼搏的销售人员。传说中那些尚未完成指标的医药器械销售,最拿手的绝活就是在大庭广众之下与他们的经销商进行一番咆哮,这可是一石三鸟的举动,即可以让自己有一点脸面,又可以向世人告白过失在他方,更可以向上司表达自己的努力和能力。说不定还会被上司请进办公室好好安慰一下。

情况四:压抑之下的爆发

如果摒弃那些将咆哮作秀的成分,职场很多人的咆哮还是缘于压力。哪里有压迫哪里就有反抗,压力有多大情绪的反抗就有多大,这可是人人皆知的道理,所以日本很多公司会专辟一个房间用于员工不良情绪的发泄,员工在那里可以拳击自己的上司,可以骂粗口,也可以大声喊叫。等心情平息后就回到正常的办公环境继续工作,也不影响其他人。有网络报道那些在咨询公司工作的人,一周加班 36 个小时以上,当付出与得到不对等的时候,当身体状况越来越差的时候,他们的咆哮就产生了。所以压抑的咆哮者通常是公司里的老黄牛们。

与咆哮保持 1.2 米距离的五大秘方

秘方一:从心底同情咆哮者

同情为上。我们可以从咆哮者的极端情绪中发现他们的压力、癫狂还有他们的深度伤害。所以对待咆哮我们要保持距离,并从心底里滋生我们的同情心,有了这样的同情意识,我们可以设身处地站在咆哮者的立场上思考问题,这样或许就不会点燃咆哮的外围火源。表示同情的最佳方法是将眼光调节到最低位置,不要与其有任何目光交流,继续做自己的事情。

秘方二:保持自己的情绪稳定

置身咆哮的环境中,首先要控制住自己的情绪,既不要让自己成为咆哮者的对立面,也不要成为咆哮者的支持者。让自己深呼吸,并在心里数树,一棵,两棵,三棵……尽量将自己置身于咆哮之外,哪怕咆哮的起因和自己有关,也万万不能成为另外一个咆哮

Helen说,
在职场要像向日葵一样成长

者,用冷静给自己换来思考和反击的时间,用礼仪表现自己的磊落和修养。越是控制好自己的情绪,越能让咆哮者成为一个人的独角戏。镇定是对咆哮者最好的藐视,同时也极具威慑力。

秘方三:将咆哮视为一种考验

办公室的环境和气氛,非我们普通员工可以左右。如果遭遇咆哮,我们可以视其为一次心理素质的考验和洗礼。有些咆哮或许不伤及自尊心,那就当做耳边风。如果伤及自尊,那我们还需要寻找可以补救的办法,至少我们可以把这样的咆哮当做一次考验,考验自己的心理承受能力和面对心理挑战时的应对能力。从咆哮中学会自己生存的新法则,也不失为一次学习的机会。

秘方四:研究咆哮者的软肋

面对咆哮甚至是经常的咆哮,一味的忍受只能取一时安宁,所以最好的解决办法是找到咆哮的软肋,让咆哮远离自己。解读咆哮的缘由我们可以发现,每种类型咆哮者的心理需求都有不同,自恋者需要的是赞美,缺乏安全感者需要的是尊重和服从,肝火旺盛的老板需要的是下属的体谅和宽容,而对于那些除了愤怒基本上不懂得如何表达情绪的上司,需要的是理解和援助,所以容易咆哮的人一定有别人不知的脆弱。如果知道了这些软肋,我们或许不仅能"躲闪"咆哮,还能赢得咆哮者的认同。

秘方五:寻找咆哮的安抚剂

我们没有神力可以克制住别人的咆哮,但我们却可以为咆哮提供安抚剂。咆哮伤身、伤体还伤感情,所以在咆哮的当下我们可以用心理距离抵抗,但是在咆哮之后我们可以做点尽情理的事情。为咆哮的上司端一杯茶,为咆哮的同事写张小卡片。最不能做的事就是为咆哮者递送更多的燃料和助推器,如果能成为咆哮者的治愈系伙伴,恭喜你成为职场高手的日子指日可待了,安抚别人比管理别人更不易。

治愈咆哮三贴士

贴士一:辨证施治

前面已经说了四种类型的咆哮帝,每种类型的心理需求都有不同,自恋者需要的是赞美;缺乏安全感者需要的是尊重和服从,千万不要直接挑战他的权威;一点就着的老板需要你同样有对事不对人的宽容,这就是他表达在意的方式;而对于那些除了愤怒基本上不知道如何表达情绪的上司,你需要的是同情和理解他的难处,他不被人看到的脆弱和压力正是你接近和软化他的法宝。

贴士二:对症下药

每一个负面情绪背后都有深层次的需要,也许咆哮的方式让人难以接受,但是这些强烈的情绪背后的需要往往才是症结所在。除了满足咆哮帝们各种不同的心理需求,更要知道在职场中解决问题远比简单地处理情绪更为重要,看看这些帝们咆哮的背后究竟是因为什么事情,甚至可以在他咆哮的时候假装专心地做下笔记,慎重地对待本身就可以降低对方的怒火。

贴士三:拜师学艺

同一个办公室中总有一些经验深、功力高的同事可能更擅长对付咆哮帝的古怪习惯,不妨互相切磋学习,或者哪怕暗中观察一番。既然有无数的"先烈"已经踩过地雷了,就不要把自己也白白地搭进去了吧。也别忘了工夫在平时,别等着咆哮帝发作了才想起来该干点啥,平时经验的累积才是关键。

独善其身之道

　　孟子在《尽心上》写道："穷则独善其身，达则兼善天下。"其意是"不得志时就洁身自好修养个人品德，得志时就使天下都能这样"。孟子这种积极而达观的态度弥补了无法完善的孤高理想的遗憾，成为千百年来儒家的信条。从此修养自身和洁身自好成了一种品质，延续到现代社会也指在污浊的环境中能不受干扰地坚持自己的美好品格。而如今的职场也奉行"独善其身"，就是指一个人无论在任何情况和环境下，都能够在磨难或平凡中不断提升和完善自己，并不受不利因素的影响和左右。

独善其身四大益处

益处一:让自己更专注目标

职场人容易犯的错误,就是目标多想法多,但却没有一颗专注的心。看着碗里的想着锅里的,或者永远没有一个明确的目标,这样不仅浪费了时间,同时也让自己迷失了真正的方向。

益处二:让自己更了解自己

职场每天都在发生着变化,环境的变化,机构的变化,人员的变化,外部条件的变化,适应这些变化的最好办法,是了解这些变化和它们对自己的影响。由此可以发现只有更好地了解自己的需求,自己的长处,才会稳稳当当地在变化中成长。独善其身的最大妙处,就是有时间好好地与自己对话,倾听自己内心的声音。

益处三:少受甚至不受他人的影响

我们身处一个推崇合作的时代,现实中很难单打独斗地工作,但合作不等于没有原则,或者是所谓的"同流合污",独善其身代表了一种与人合作的原则和底线,让自己远离不必要的影响,好比是一道防护墙,保护自己在一个认定的自我价值空间里行动。

益处四:减少不必要的纷争

面对职场中的利益分配,难免会产生纷争。独善其身的妙处在于让自己避免卷入这些不必要的纷争,多一点独处,让自己身心简单而又平静,对利益的纷争隔岸观火,便可明哲保身。

职场新人们的独善其身之道

初入职场的"新新人类",除了要察言观色,了解职场各个门道之外,最关键的是要首先做到"独善其身",最糟糕的行为就是在没有分清主次,分清原由,分清轻重的情况下,断然公开地点评一些公共事件,或者显示出明显的小团体倾向。这种行为很容易将自己处于一个不利的情势中,职场"新新人类"是一个有待被考察被认证的人群,越是独善其身,保持自己的"神秘"特质,也越能争取在最短的时间内完成自己的目标。所以初入职场的"新新人类",选择独善其身的方法不是孤芳自赏,也不是站在大众的对立面,而是静静地设定目标,寻找职场偶像加以学习和仿效,并在工作中完成自己成长的演变。

职场起步发展期的独善其身之道

处在起步阶段的职场人,需要很多人的帮助和提携,所以绝对不能远离核心力量,但又要考虑自己的角色和处境。所以独善其身是写在心里的誓言。这时期的独善其身,最好是树立自己明确的目标并为之付出双倍的努力,在众人面前树立起勤恳努力积极向上,但又不急功近利的光明形象,尽量不参与公司的是非和政治斗争,"两耳不闻身边事",只求埋头苦干,并以早日做出成绩为荣。当然起步阶段的职场人虽然也以团队为荣,但切忌淹没在团队中,所以一定要抓住机会表现自己。

职场中层力量的独善其身之道

职场中层力量正好处在事业发展的成熟期,有压力也有动力,有竞争也有阻碍,值得一提的是这群人或无意或有意地站在了人际关系的中心点,可能一边是对手,一边是贵人,一边是下属,一边是上司,独善其身绝对不是逃避的"伎俩",而是让自己稳操胜券的策略。当面临左右为难的困境时,令自己强大和完善可能是最好的出路和选择。职场中层力量独善其身的方法就是少说多看,以静制动,用实力秀魅力,不偏不倚做自己,让职场每一步不那么"惊心"——稳中求胜。

独善其身的职场故事

故事一:无可奈何我选择了独善其身

Helena 从英国留学归来后,被邀请加盟了一家市场调研公司,当她信心满满地开始工作之后,才发现这家公司的结构相当复杂。该公司原来是一家外资公司,成功收购了一家国内公司后,在外资方面的人员并没有实质性地管理公司,国内公司的团队依然是全部的核心力量,但不可避免的是外资公司和国内公司的经营理念有着明显区别,在新制度下,两种势力的交织特别影响工作效率。当 Helena 发现这些时,为时已晚,因为她已经放弃了其他公司的邀请,准备在这家公司好好干上几年。面对眼前的困惑,

Helena 对自己说权当是一个新人来学习来体验的,但她非常识时务地选择了独善其身的方法,努力恶补专业知识和本地市场经验,任劳任怨地工作,在外资和国内团队看来,Helena 都是一个不可多得的好员工,所以各方都没有给她制造太多的为难,反而都愿意给她更多的帮助,就这样 Helena 用低调的处世方法,享受着她的职场学习生涯。Helena 对自己的要求很高,希望把工作做到更完美,所以她没有浪费任何时间在办公室的复杂人际关系网络上,而是"独来独往"的独自完美着,这让她迅速成为公司看重的有潜力的人才。

故事二:用独善其身建立我的形象

Phyillis 年初被猎头高薪挖角来到这家户外运动品牌公司工作,令她没有想到的是,这家公司的文化是运动外加开放,几乎每个员工都穿着运动装上班,而且交谈方式很透明,甚至在很多活动的现场,公司的男女同事们一起开玩笑,很是随和开心。但 Phyillis 曾经拥有的职场背景却是在相对严谨的公司工作,每天衣冠端正,工作起来也不苟言笑,作为市场策略规划,她不能不试着融于新的团队。但从个人性格而言,Phyillis 还是会有所保留,比如不在众人面前分享自己的私生活,也不和公司异性有亲密的举止,在商务活动上绝不涉及黄色段子之类,Phyillis 想保持自己这一套"独善其身"的形象。所幸的是这个公司相当开明,同事间非常友善,大家也很快接受了 Phyillis 的行为举止,而且在有些场合因为 Phyillis 在而让他们有所收敛和克制,时间一久大家发现同事间的乐趣没有少,反而还因为有了 Phyillis,避免了一些不必要的冲撞,整体团队的形象更健康和完整了。为此 Phyillis 很欣喜,她本来只想用独善其身建立自己独一无二的形象,没想到还影响到了团队。

独善其身的职场十贴士

- 永远把"完善自己"放在第一位。
- 自我的修养是人生的无价之宝。
- 恪守职场商业道德是职场发展的大前提。
- 永远和价值观相近的人为友,哪怕暂时是对手。
- 管理好自己才有机会管理别人。
- 听从职场导师们的指点,遵从相关的游戏规则。
- 远离没有原则的争端,避让三分未必是安全的行为。
- 吃一点小亏方能赢大局,暂时的寂寞是为了将来的成功。
- 坚持自己的职场风格,做一个无法替代的职场人。
- 将独善其身进行到底。

冲突的减法学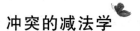

　　身在职场的人难免会与其他人发生冲突。职场中的冲突有原则性和非原则性之分。原则性的冲突可能与公司的利益和相关的规章制度有关，而非原则性的冲突大多由人际间的一些小摩擦引起，但如果处理不当，非原则性的冲突可能会转变成原则性的冲突，从而带来不必要的麻烦和纠结，破坏了工作情绪，也有可能影响职业的再发展。因而尽量减少冲突是每一个职场达人的必修功课。

　　这里为读者介绍五大减少冲突的减法学。

减少冲突五大减法学

减法一：减少正面冲突

无论是原则性或者非原则性冲突，一定要切忌发生正面冲突。正面冲突由于是面对面地爆发了相持、争执或者较量，所以对日后修复冲突双方的情感会带来很大的困难，特别在情绪激动或者不够理智的情况下难免会有不够妥帖的话语和举动，不仅影响个人的形象，而且也需要付出极大的代价修复双方关系。所以所有的职场专家都这样告诫职场人：有冲突难免，但一定不要发生正面冲突。把正面冲突的机会降低到零，这是一种绝对智慧的选择。

减法二：减少冲突升级版

办公室里发生的冲突，是可以通过很多办法和渠道化解或降低其杀伤力的。但如果处理不当则会使冲突的事态变得更加严重，甚至到不可收拾的地步。冲突通常都由个人的行为引起，所以最不可为的就是把个人冲突演变为团队冲突和部门冲突，从而把不相关的人全部拉进冲突的环境中。这样的升级会使冲突扩大化，解决的时间也会更长，后果也会更严重。除非你已经是抱着"死猪不怕滚水烫"的心理，否则冲突的源头人难脱被惩罚的后果。

减法三：减少个人情绪主导性

在职场，我们每天都会有不同的情绪，有时兴奋有时低沉，有时高昂有时消极,因为人是情绪化的动物。但一个成熟的职场人首先是一个会控制自己情绪的人,千万不能让自己的情绪恣意泛滥,特别是在自己情绪不佳的时候失控。办公室的人际冲突绝大多数都是由情绪的抵触引起的,比如对他人的反感,受委屈后的压抑,等等。所以最好的办法就是不要把自己的情绪带进办公室,或者尽量不要把自己的坏情绪转嫁给同事。寻找几种适合自己舒缓情绪的办法,才是良策。

减法四:减少万事对人的坏习惯

一个理性而又睿智的人,一定是一个处理冲突的高手,也是防止冲突的高手。冲突是由特殊事件所引起的,但表现形式却是人与人的"碰撞"。所以为了减少冲突的发生,职场达人首先要告诫自己的就是对事不对人,千万不能把对事件的处理和评判,演变成对人的评判和攻击,这不仅不利于解决事情反而会激化矛盾。办公室的冲突很多由"公事"导致,但最后如果变成了"私人的恩怨情仇",岂不得不偿失。就事论事的处理方法才是上上策。

减法五:减少法官定论的意愿

办公室有冲突,对上司而言最希望的是尽快解决冲突,甚至采取大事化小,小事化了的方法,除非是原则性的冲突,上司为了保全公司的利益而下"狠手",非原则性的冲突上司很少会用极端的手法保护一方而"蹂躏"另一方,通常会用"各打50板"的方法平息事端。如果了解了上司的心意,那么冲突双方就不可能有再寻找所谓的"法官定论"的机会了,更何况很多事端没有绝对的对错,不同的时间不同的人物不同的场合,对错是可以相互转换的,所以千万不要天真地期待办公室里会有一个"法官",对任何冲突下了"判决书",这是幼稚加愚蠢的想法。

典型案例:群发邮件的冲突

网络的兴起改变了我们的生活,也改变了人与人冲突的表现形式。现在在办公室很少可以见到"矛"与"盾"的正面交锋,更多的冲突变得隐形却危害巨大。Susan 是一家医药公司销售部门的主管,但最近情绪很低沉,不是因为业务不好,而是公司招来了一个新人 Juliana,此人有很多特殊的销售手法,其灵活性令 Susan 和她的团队遭遇了不公平的竞争态势,为此 Susan 和她的团队成员一起收集了 Juliana 的所谓不文明销售证据。Juliana 仗着自己强大的业务关系,根本没有把 Susan 放在眼里,甚至很多次挑战 Susan 保守而又传统的销售方法,结果被激怒的 Susan 把收集来的证据用邮件的形式群发给了公司的各个主要部门领导,令事态变得严重而不可收拾。公司的上层首先认定 Susan 的做法有悖常理,不仅影响了公司的声誉也侵害了 Juliana 的名誉,而且还令整个团队处于一种情绪对峙的状态中,群发邮件的方式更使双方冲突升级,所以最后决定将 Susan 除名。

这也成了 Susan 败走职场冲突的典型一课。

第三篇　与咆哮保持 1.2 米

减少职场冲突的提示

- 不要扮演职场冲突的主角。

- 对事好过对人。

- 告状的邮件千万不能群发。

- 成为冲突中的弱势人群，这样才会赢得援助。

Helen说，
在职场要像向日葵一样成长

无惧压力，做轻松健康"三明治"

　　现在职场的中坚力量们有了一个新名词——职场"三明治"。这款美味的夹心面包绝对是一道不可缺少的主食，而夹杂在面包中的高蛋白高营养物质多了太腻，少了无味，这个舶来词很形象地描述了角色的特征。职场"三明治"通俗而言是指那些在职场担当一定角色的人，他们上面有必须服从的领导，下面有必须管理的团队，他们起着承上启下的作用，因而也难免遭受上下给予的压力。做好职场"三明治"必须拥有正确的"三明治"心态，即职业心态、专业心态、敬业心态，这三种职场心态在现实中是一种递进关系。职业心态即把"三明治"的职责看做是职业的需求，是职场人必须客观面对的现实；专业心态即以奉献自己的专业知识为前提，做一个有水准又有能量的专业管理者；敬业心态即热爱自己的工作，热爱

181

团队的成员,并享受工作带来的成就感。拥有这样的"三明治"心态,至少不会把做"三明治"的日子看成苦海无边。

如何无惧压力做一个轻松健康的"三明治",让我们一起来解读"三明治"的生存白皮书吧。职场"三明治"是一个被各方需要的角色,他可能是上司的传话筒,也可能是下属的指挥棒,他可能是别人的出气筒,也可能是劳神的协调员,但作为职场发展进程的一部分,"三明治"又成为了职业经理们名副其实的必修课。所以在这种被需要的过程中,"三明治"最好发挥恰当的作用,让整个团队不能轻视自己的存在。这里介绍四种做好"三明治"的招式。

做好"三明治"四招式

第一招:心知肚明,夹着尾巴做人

做中层领导,本来就是个"三明治"角色,既要获得上层老板的好感,又要把下属管好,不容易。如果还是个外来和尚,下属对公司的了解和关系比自己还多,那就不得不更加小心。因为老员工们之间的交流和沟通远胜过一个初来乍到的人。承认自己是"三明治"这一现状非常重要,首先要减少不必要的抱怨;其次不要尽早露尽锋芒;再者学会委曲求全,把所有下属的过错先一个人承担,让大家看到一个勇于担当责任的人;此外,找合适机会与上司沟通,探讨管理和业务经验,在上司面前尽量做个学生,没有人不喜欢下属的谦虚,以此拉近与上司的关系。

第二招：培养心腹，不动声色做人

没有自己可靠的盟友做下属是很累的，寻找机会让更多自己信得过和信任自己的人一起团结工作，多多培养那些价值观和自己相近的人，并鼓励他们创造成绩。尽可能和他们沟通自己的管理和价值理念。这样一旦有可靠的、可信赖的下属尽早成为公司里的核心力量，自己充当管理和承上启下角色的过程就会相对顺畅许多。对个别难以管理和调教的下属，可用晓之以理、动之以情的方法感化对方。当然关键时刻也可以适当地"清除异己"，只是不能树敌太多太杂，否则后患无穷。

第三招：积累资本，勤勤恳恳做人

忘记所有以往的工作业绩，所有的旧成绩都会被新成绩所淹没。所以职场三明治必须用不断创造的成绩说话。中层管理者的作用不仅不能"单干"，而且一定要"群干"，甚至是调动积极性让"他人干"，把团队领导好是在职场生存的必要条件，有团队的支持，有明显的业绩，那么在公司的"江湖"地位就牢靠了。不过不能不把上司放在眼里，那些授予你权力的人，也有能力收回你的权力。所以业绩再好团队再棒，也要"饮水不忘挖井人"，人前人后一定要多感恩上司的慧眼和培养。

第四招：加速进化，风风光光做人

职场"三明治"的进化过程，完全取决于自己对向上发展的信心和信念有多大。或许"三明治"是一个漫长的过程，中间力量是一个终身的标签,但加速自己的进化,可能会带来升职的机会,让自己的发展空间变大,也可能是自己的"拾遗补缺",让三明治的日子变得更加游刃有余。在加速进化的过程,那种自我成就感所带来的喜悦是无价之宝,因为它会鼓舞自己在任何困难时刻都要坚守,也可以鼓励自己不断往前走。

职场"三明治"们的故事

故事一:我甩掉了"受气包"的外号

Jennie 的上司是行业内有名的坏脾气,她对工作要求极度完美,对人极度苛刻。Jennie 作为她的私人助理,每天都在诚惶诚恐中度过。一方面 Jennie 要代表上司和各个部门沟通传达上司的意见,另一方面又要随时受到上司的咆哮。为此公司里的同事给 Jennie 取了一个外号——"受气包"。刚开始的两年,Jennie 无数次想要提出辞职,但最后都被自己说服了,原因就是她觉得在上司手下做事还是能学到本领的,虽然上司的脾气不好,要求很高,但她却发现自己慢慢地适应了这种状态,反正是打工,在哪都有可能面临这样的双重压力,倒不如学着和上司沟通,并尽量换位思考,当然渐渐成熟的 Jennie 也学会了"以柔克刚""以弱胜强""以慢制快"的方法。当上司给予的任务和要求是合理的时候,她就快速传递并配合各个部门共同完成,并代表上司给那些提供帮助的同事们送去感谢。当面临有些不可完成的使命时,她尽量用拖延的战术,并择机和上司沟通。她学会了用便签条给上司留言:"注意身体,我发现你的嗓子又哑了,尽量减少讲话吧,请多喝胖大海";"昨晚你加班太晚了,要注意身体";"各个部门都在配合您的指示,请放心"……一段时间后上司竟然不太大发脾气,也不太提一些难度大的要求了,更重要的是她越来越依赖 Jennie,她约束自己的原因就是希望这样的私人助理可以和她同进退。终于 Jennie 得以快乐地工作,甩掉了"受气包"的外号。

故事二:我来了,我是"巨无霸"

Sean 在销售部已经干了 5 年,他从基层做起积累了很多实战经验,当然也累积了丰富的人脉资源。很快他就被提名升做销售区域经理,带领 10 多人的团队,由于销售指标的压力,他时常受到上司的责备,而团队中很多新人不能吃苦耐劳,而他无法劝说下属甚至遭到他们的暗中抵抗。销售的压力全部落在了 Sean 的肩上,刚开始的几个月他失眠掉头发,后来他决定以身作则,不以单一的管理者身份出现而是和团队打成一片,天天跑销售客户单位,用尽一切销售技巧。他的最高纪录是连续 19 天出差,建了 25 个客户,签了 8 个大单。他的努力工作换来了上司的认同和下属的尊重,他们不愿意让他再孤军作战了,纷纷协助 Sean 完成公司的任务。Sean 的专业作风和敬业精神,成为沟通他和同事们的桥梁,因为大家看到了无惧压力的"巨无霸",所以都愿意成为他团队中的一员,和他一起分享成功的喜悦。最近 Sean 已经被破格提升为大区总监了,而他却说自己还是愿意和团队一起去战斗。

故事三:我喜欢做"三明治"

当很多人抱怨"三明治"的多重压力时,Denise 却出人意料地表示他喜欢"三明治"的状态。Denise 是一个研究项目的小头目,上有研究所领导和项目总负责人,下有项目小组的数十名成员。他尽量把工作分配到每一个人,发挥下属的积极性,并培养下属中的骨干力量,面对上司的重压他的态度很淡定——尽我可能。他从来不说没把握的话,也从来不表功,所以上司们都很欣赏他的淡定,久而久之 Denise 的项目小组总是能获得很好的优惠政策,无论是资金还是人员调配,甚至是一些硬件设备。而 Denise 又把这些优惠很好地转交了下属,让他们快乐工作并有成就感,自己却出其不意地享受着轻松悠闲的职场生活。Denise 是标准的中间力量,但他诠释自己的"三明治"角色是:不把上司给予的压力转移给下属,只把上司的恩惠转交给下属! 于是 Denise 的"三明治"就变成了一个讨人喜欢的"二传手"。其实上司下属都需要这样一台超级"转换器"。

午饭团的美味关系

共进午餐,不知从何时起成了美味关系的一个代名词。与相熟的知己述说有色彩的私房话,与工作伙伴聊聊不咸不淡的社会话题,与有利益沾边的客户拉拉最易开口的家常事,与有意加点暧昧视觉的异性讲讲普天下大众的八卦故事,与上司主动套点近乎……共进午餐,的的确确成了一道朝九晚五上班生活的另类风景线。而当越来越多的人加入午饭团行列时,午饭的类别就不那么简单了。

午饭团五大类别

类别一:教诲午餐

电视节目"谁来吃午餐"让人至今津津乐道,那些脱颖而出的有为青年终于如愿以偿,能够与高瞻远瞩的投资家共进午餐,从此开始不一样的事业和人生。有人甚至还仰慕中国最有名的基金经理可以开出天价和全世界最有名的股神巴菲特共餐,并获得受益匪浅的教诲。其实在办公室里邀请上司共进午餐并非难事,这的确是千载难逢的从上司身上学点东西的好时机。现在的上司最愿意灌输给员工他的成长史和发达史,那就给他一个开讲的机会,并做一个虚心的聆听者吧,想必上司会很过瘾。一年前 Johnny 从快速消费品行业转行到了时尚产业,刚到公司报到上班,他有点不适应这里的公司文化,Johnny 对自己的新工作也一时有点找不到北,于是他主动邀请总经理共进午餐,一顿短短的工作午餐,Johnny 知道了总经理有三个小孩在国际学校读书,一年回新加坡休假探亲一次,每天工作超过 14 小时。Johnny 也开始把自己的职业困惑和上司分享,上司也饶有兴趣地为他一一解答。一顿午餐拉近了两个人的距离,当 Johnny 再回到办公室时,已变得信心满满。此后 Johnny 总是有阶段性地邀请总经理共进午餐,在同事们心目中他就是老板的一个红人加知己,其实 Johnny 知道午餐让他有机会聆听上司的指点和教诲。

类别二:关系午餐

天下没有免费的午餐,这是不可颠覆的真理。关系午餐真正的目的或许在于选择一种在光天化日的环境里,维护一段看上去有点商业滋味的关系。午餐此时是一个沟通的平台,充满了利益化的感觉。菲比是个极其享受午餐约会的高级白领,因为身居要职的她,掌控的部门每年预算费用逾千万,想要靠近她的人就自然多得数不清。可她给秘书的指令是:晚餐属于亲人,午餐属于客户。聪明的秘书心领神会,不仅为她挡掉了许多不必要的应酬,而且投其所好为她钦点了一些午餐约会,当然不忘选择不同的地点不同的场所,让菲比每天都有好胃口好心情。于是时间一久,在行业中,菲比得到了一个雅号:午餐菲比。和菲比吃午餐,首先要做功课了解清楚菲比的最近动向,比如买了房子,比如刚休假归来,这样饭菜没有到的时候,就可以发起相关话题引起菲比的兴趣,人与人的亲近度自然也就增加了不少。据说现在要请菲比吃午餐,已经排到了一个月之后。真假难辨,但菲比也确实利用午餐时间好好地维持了那些特别的商业关系。

类别三:团购午餐

随着 CPI 指数居高不下,午饭也成了白领不小的负担,特别是在高级商务圈上班的白领们。一碗面 35 元,一份定时盒饭可能也要 50 来元,所以白领们特别是 80 后的白领们开始想到了午饭团购,他们在网站上团购自己的午餐,然后邀请同事们一起加入,一来省钱,二来也热闹。有人更自告奋勇提前去占位。因为是团购,大家也乐意叫上自己的旧同事、老同学一起来凑份子,于是不经意间开拓了社交圈,认识了很多新朋友。Mimi 在徐家汇商圈上班,虽说中午吃饭的地方特别多,但出于节约成本的考量,她最近爱上了团购网,用团购的方式购买午餐。当然她还热心地分享这种团购午餐的方式,于是带动了一大批同事,结果一传二、二传十,变成了大楼里的午餐团购小组长。中午吃饭的时候大家齐齐在大堂聚集成了很壮观的一道风景,甚至还有人从团购人群中发现了比较"对眼"的那一位。Mimi 的热心也得到了大家普遍赞同,为此她工作的心情特好,她得到了"被需要"的满足感。

类别四:情感午餐

很多公司为了增加凝聚力,会在员工生日时由主管召集大伙一起吃饭,即体现了公司的人文关怀,也增强了同事间的友情。久而久之,职场的白领们也适应了这种以某种借口为由举办的聚餐活动,新婚,生子,升职,发奖金或者额外的喜事都成了不成文的午餐聚会缘由,这完全是情感联结的需求。情感午餐不在于吃什么,而在于邀请了谁。所以通常能聚在一起的人相对而言都是公司里合得来的一堆人,或者说是相互有需要的人。Ada 是销售部门的秘书,她经常被要求订餐让同事们一起 happy。刚开始这种聚餐还由公司买单,久而久之同事中有人主动宴请大家,后来又盛行AA 制,午餐的时间也从本来规定的 1 个小时延长到了 2 小时,对此她部门主管也就睁一只眼闭一只眼,反正同事间的情感关系近了对公司也没有坏处。午餐的聚会变成了部门最开心的时光,虽然不喝酒但一样可以随意聊天、开玩笑,把工作的压力抛到了脑后。午餐聚会还可以让同事间消除误会,在办公室里不好意思的道歉在餐桌上半真半假地给解决了。Ada已经定好了下星期的午餐聚会，原因就是有同事被公司送去美国工作半年，在饭桌上告别也合情合理。

类别五：情报午餐

　　还有一种午餐团是由很特别的一群人组成的。他们可能只是在一个公司但在不同的部门，他们或许分别在不同的部门但担任着相同的职位，还可能他们曾经是一个公司的同事但现在各奔东西，他们愿意定期地利用午餐时间小聚。聚会的目的只有一个，那就是通通情报，分享信息，还有了解动态。这样的午餐团被认为是典型的生存技法。Monica任职于一家大型企业的人事总监，她会定期邀请同为HR的人事经理或者总监们共进午餐，每一次午餐既能了解到一些人员的流动，更关键的是可以掌握最新的HR方面的信息。Monica认为这样的午餐是很受益的，一方面是出于自身发展的考虑，通常一个人事总监的离职会给所有HR的从业者带来岗位调动的机会，同时也可以提出工作中遇到的新难题让众人出谋划策。Monica的午餐团员们通常是轮流请客，谁也不欠谁的人情，彼此很客气也很专业，这样的情报午餐团更像是行业的专家聚会，有分寸也有节制，但谁也离不开谁。听说Monica的午餐团至今已有八年多历史了。

共进午餐的职场十贴士

　　共进午餐成了一种风气，这也体现了白领的社交商务需求。

午餐已不仅仅是一顿饭,或者一个饭局,更多的是白领们沟通和情感诉求的平台。午餐团的出现也表明现代白领的生活特质——与其孤单不如合群合拍合潮流。如何成为午餐团中受欢迎的一位呢,这里有十个小贴士送给大家。

贴士一:午餐约会要预先通知对方并得到确认。

贴士二:无论午餐和谁一起共享,都要注重餐桌礼仪,尽量做到不迟到不早退,不大声喧闹。

贴士三:在繁忙的商务区进行午餐约会,一定要预先订好餐厅,否则让客人等候位子既不礼貌也浪费时间。

贴士四:遵守午餐团的不成文规定,如果是 AA 制必须及时付费,如果有人买单也必须表示谢意,不能造成"吃白食"的影响。

贴士五:尽量不要在午餐聚会上对他人进行人身攻击,散布八卦谣言,谈论明星轶闻趣事也应注意用词。

贴士六:与上司共进午餐必须做到有节有礼不亢不卑,太多的奉承容易招来不必要的讨厌。

贴士七:注意礼尚往来的细节。吃多了免费午餐也要有机会答谢他人。

贴士八:做惯了"被召集"人,有时也要热心地做一下召集人,为午餐团作点贡献。

贴士九:在心情或者身体不佳的时候,可以谢绝午餐约会,不用为了面子硬着头皮参加,结果扫了大家的兴致。

贴士十:午餐聚会尽量不要影响工作,更不能将午餐的过于亢奋或者失落的情绪带回到工作环境中。

职场专家的意见

午餐团是办公室生活的一部分,甚至也是工作的一部分,无论是延伸了工作还是为工作带来契机,重视午餐团都是一个明智的选择。午餐同时也是商务社交的需求,所以要注意社交圈的游戏规则,尊重和被尊重,重视和被重视。将午餐吃出精彩,将午餐吃出情感,将午餐吃出机会,将午餐吃出价值,最关键要用心去体会和品尝"关系"午餐的美味,用午餐搭建自己的"人脉团队"。

第三篇 与咆哮保持 1.2 米

与异己者共舞

　　所谓异己者就是与自己持不同立场、观点或有利害冲突的人。在办公室里的异己者，是指那些与自己价值观不同，性格不同，处事方式不同的人，他们可能是高高在上，目中无人，甚至对他人充满着敌意的人；可能是沉默寡言，不愿搭理他人，缺乏团队合作精神的人；可能是成天牢骚满腹，怨天尤人，成为坏情绪的传染源的人；也可能是对事吹毛求疵，百般挑剔，过度要求完美的人；也可能是浅薄无聊，充满低级趣味的人；甚至可能是自己成长路上的有力竞争者且因此处处为难自己的人……这些人未必可以成为知心朋友，但由于工作关系我们"被迫"要长时间地和他们交往、相处和共事，如何与异己者共舞就成为了一门艺术。

　　在这个求大同的世界里，有着不同的存在个体。与异己者共舞，是锻炼我们心智的绝好机会。这里介绍与异己者共舞的六大绝招。

与异己者共舞六大绝招

绝招一：与异己者为善

这是办公室与异己者共舞的主旋律。首先我们从心理上要承认异己者存在的合理性。我们可以不认同他们的价值，他们的性格，他们的行为特质，但我们不得不接受他们是环境中一部分的事实。用宽容和善心对待异己者体现了自己的胸怀和成熟，也体现了自己的高尚修养。异己者的存在或许可以帮助我们建立起强大心理大厦的墙基，而不是仅仅接受"赞美"或者"统一"的声音。尊重身边的异己者并采取适当的方式与他们交往，是我们在职场中获得成长的首要条件。

绝招二：将尊重进行到底

尊重是人与人之间的黏合剂。尊重无关乎年龄、性别和职位的高低，一个有修养的人首先会尊重他人，尊重他人的意见、行为和劳动成果。尊重必须是发自内心的，真诚的。尊重会为任何已经造成的隔阂打开一扇大门，从而更好地和异己者沟通。

绝招三：不计前嫌

与异己者良性互动的方法就是放弃所谓的前嫌，不计较曾经有过的矛盾和碰撞，不让所谓的"积怨"变本加厉。办公室里的异己者90％的不同意见起源于对工作的态度和解决办法,因而只要不是原则性和本质性的矛盾,就不应该把这种矛盾带到工作中,最好及时消化及时"忘记"。最糟糕的是以"对事"的方法"对人",这样可能会产生更严重的不良后果,甚至给工作带来不必要的麻烦和损失。冰释前嫌就是提醒我们与异己者可以用冷静、理智的方法解决不必要的冲突。

绝招四:接纳异己者

要用一双欣赏的眼睛去看周围的同事,也要学会发现他们身上的闪光点。人和人的个性不同,千万不能用自己的标准衡量一切。有人从国外留学回来刚任职一个月,就和同事们格格不入,并非是工作上的矛盾,完全是工作习惯和琐碎小事,比如她看不惯隔壁同事大声打电话,她讨厌同事们一上班先议论昨晚的电视剧,她甚至把同事们上班玩开心网转告上司。结果可想而知,她成了不受欢迎的人。其实退一步来看,那个大声讲电话的女孩可能是办公室最乐观最豪爽的人,遇到困难她会第一个站出来帮助别人。同事们大聊电视剧说明这是最近社会的一个热点,哪怕是市井内容,也是洞察社会的一个来源。如果开心网真的那么受同事喜欢,或许这就是自己和他们沟通的共同语言。接纳异己者,就是接纳自己求新求变的心,而不是仅仅做一个束缚自己的人。

绝招五:向异己者学习

"见贤思齐焉,见不贤而内自省也。"面对优秀强大的异己者,我们要学习他强大的地方。向异己者学习并不容易，但我们不得不承认，异己者的确帮我们打开了一个新的空间，让自己看到、听到不同的态度和方法。向异己者学习，就是学习自己所缺失的部分，或者是防微杜渐。请记住：异己者有异己者的生存方式，这一切不会因为"我"的存在而改变太多。

绝招六：倾听与沟通

这是解决与异己者敌对情绪的最好办法。当然，要做到上面这一点并非易事。首先要学会倾听，"听"有时会比成百上千的"说"还要重要。耐心而又专注的听能软化异己者的敌对情绪，而有效的沟通就是使双方从僵局中摆脱出来，用换位思考的方式去理解异己者所谓的异己心声。知己知彼，就是让异己者相互发现求和的作用和好处，并力求找到相互可妥协的中间地带。

经典案例：与异己者共同成为上司的左右手

当曹敏以策略规划总监的身份加入了一家零售管理公司之后，发现身为公司行政总监的李菁与自己处事方法格格不入。曹敏毕业于欧洲名校，有着良好的学历和专业知识，做事方法系统而有效，但她却发现李菁没有很好的学习背景，但因为在公司工作久了，人际关系比较扎实，所以很受公司器重，甚至在公司"呼风唤雨"。在最近的一次公司高层的联席会议上，曹敏很直截了当地对李菁的一些新措施提出了反驳意见，认为这是不合理的，也是不以人为本的政策,于是惹怒了做事一向高调而又霸道的李菁,她甚至在高层管理的联席会议上说:持不同意见的人可以离开公司,我的新政策没有人可以阻拦。曹敏情急之中找了总裁谈话,表明了自己的态度,也重申自己对李菁个人没有意见,但并不认同她的新政策,因为这个政策不符合理论也不符合实际。后来经过总裁的亲自调停,新政策并没有如期推出,当然曹敏也没被挤出公司,但两人却因此埋下了芥蒂。总裁有意培养这两个人,因为一个是知识派一个是经验派,他很希望她们能齐心协力为公司作贡献。曹敏也主动找李菁谈话,分享自己的想法,虽然李菁心里不高兴,但也被她以公司为重的态度所打动,刚开始还有少许的不合作,但后来虽然她不能完全认同曹敏的死板做法,但因为曹敏的磊落和真诚,也就与她"彬彬有礼"地相处,当然遇到一些原则问题,她们也会公开争执讨论,打破了公司的一言堂机制。三年后这对异己者双双被总裁提拔为副总裁,原因就是总裁希望公司能营造多元化的文化,能有不同类型的管理者,而她们两个分别在各自的领域里干得很出色,竞争也让彼此成长得更快。就这样两个异己者的和平相处换来了双赢的效果。

专家意见:与异己者共舞,可能是上司有意设定的一个考验,也可能是提升自己的最快方法。不要与异己者斗得你死我活,双双获得提拔,才是最好的结果。

Helen说,
在职场要像向日葵一样成长

与异己者共舞的十大提示

提示一：以公司利益为重。

提示二：将异己者视为工作伙伴关系。

提示三：解除与异己者的敌对情绪。

提示四：寻找与异己者可能存在的相同性。

提示五：主动与异己者沟通。

提示六：不散布对异己者任何不利的言语。

提示七：对异己者做出的任何让步表示感谢。

提示八：不纠结于异己者的"异己"行为。

提示九：不将与异己者的不和扩大为团队的不合。

提示十：以和为贵，懂得合理妥协。

远离流言和暗箭

水至清则无鱼，办公室里难免有混浊的空气，所以我们固然可以坚守"清者自清"和"身正不怕影子歪"的人生格言，但是不得不承认办公室最常见的流言和暗箭还是相当伤人的。远离不必要的伤害是办公室最基本的生存法则，惹不起还躲不起吗？幽默的西方人常会这样告诫自己：Watch your back！在工作中我们也应该让自己像留心绊脚的台阶那样留心随时可能蔓延的流言蜚语和冷酷施射的暗箭。

远离流言六大建议

建议一：不做流言的传播者

办公室如果流言四起，一定事出有因。如果自己幸免没有卷入这场事端，那么做出一副高高在上事不关己的姿态吧，千万不要凑热闹成为其中一分子，最终让自己成为一个靶子。因为搅和事情的人多了，事态一定会越来越严重，更何况流言只会越传越盛越传越讹，甚至到不可收拾的地步。Jean 是个前台接待员，公司里的大小事都逃不过她的眼睛和耳朵，幼稚的她总觉得了解公司内幕多的人很吃香，所以特别喜欢跟着别人传流言，可有一次事情闹大到公司上层开始来调查了，Jean 就成了不折不扣的替罪羔羊，好几个人都指出流言是 Jean 发布的，结果 Jean 丢了工作。现实生活中亲近流言的人也易被流言亲近，所以保护自己的最好办法就是坚决不和流言交手，流言止于智者才是真理。

建议二：切记管好自己的嘴巴

祸从口出是老者的训言。管好自己的嘴巴，或许就能从源头上杜绝流言。很多公司都有用班车接送员工上班的服务，客户服务部的 Kathy 最喜欢在班车上唠家常，她不知不觉就把如何与婆婆斗智斗勇的故事生动地描绘了出来，听得全班车的人津津有味，因为女同事们找到了一个榜样：如何与婆婆们战斗。但是殊不知说者无心听者有意，当 Kathy 可能被考虑升迁的时候，办公室就传出了"添油加醋"的恶媳妇故事，虽说这和工作无关，但是反对她晋升的人理由很充分：对婆婆都敢下狠手，这样的人会对同事友善吗?! Kathy 本来还天真地以为自己的坦率能博得大家的好感呢，所以才爆料自己家里的婆媳是非。没想到班车上的家长里短居然成了日后阻碍事业发展的绊脚石，这让 Cathy 领悟到管好自己的嘴巴才是至关重要的，自己绝不能为流言送上现成的素材。

建议三：理性冷静应对流言

万一有一天你还是不幸被流言击中，那么千万千万要冷静。calm down，是操练自己耐心的一种本领。很多流言的制造者要的就是让你急让你闹让你晕，如果你连冷静都做不到那么无疑已让那些人达到了目的。所以当流言四起的时候，你可以做的就是静下心来分析，这种流言对自己造成不利的地方是什么，有些流言本身矛盾百出，经不起时间考验，那么你大可不必大动干戈去澄清，让时间还自己一个清白。但有些流言有很强的攻击性，最好的方法就是用自己的实力击碎流言，千万不要主动出击自己臆想中的敌手，这可能会伤及无辜并把事态夸大化。当初 Dannie 从北京总部被派到上海，很多人传说她靠色相拿到了好的 offer，Dannie 没有发怒也没有理会那些谣言，她对自己定下的首要任务就是尽快熟悉上海的环境，熟悉新的业务。结果不出三个月这样的流言就消失了，因为后来 Dannie 表现出来的努力和对工作的执著，让大家明白先前的流言只是因为有人因嫉妒而为。

建议四：低调让暗箭找不到北

办公室被施射暗箭的人通常是那种过于高调的人。因为你的高调影响了别人的情绪甚至是本来和谐的氛围，甚至也可能无意中造成了对他人的职场威胁。为了保存自己，有人才开始背后捣鬼。记得 Sherry 刚升职做了项目总监,为了显示自己的超强能力,她新官上任马上烧了三把火:改变原来的工作团队组合,所有对外文件均由她授权签字,降低出差费用……本来已经习惯一种工作模式多年的同事不能一下子接受这样的举措,这也影响了他们的工作心情,而且可以分明看出 Sherry 的一意孤行。不多久她手下三个核心骨干一起去了总经理办公室,明确表示:如果她再固执己见我们集体辞职! 这一招很奏效,Sherry 被总经理叫去调教了。新官上任,Sherry 不应如此高调行事。

建议五:提拔后要懂得感恩

俗话说,得人心者得天下,特别是想在职场上有所发展的人,一定不能踏着别人的肩膀往上走,即使无意中完成了这样的跳跃,也要牢记曾经帮助过自己的人,感恩是人与人心灵之间沟通的桥梁。Cindy 的故事就是最好的例子。她曾经是一个区域经理,后来由于业务能力突出得到亚太区老板的赏识,被委任为亚太区业务总监,因为和总部联系频繁,她开始成为这个地区的红人,并大有超越亚太区老板的势头,而她本人也多次表现出对上司的不完全尊重,这下惹怒了曾经提携她的老板,终于在一次重组的机会中她被贬了职。Cindy 事后也很后悔,如果自己处事再成熟一点,肯定不会沦落到现在这个下场。做人要厚道,这也适合职场。

建议六:坚强后盾让暗箭折腰

如果你已经处处小心谨慎,结果还是发现后背有箭。那么最

第三篇 与咆哮保持 1.2 米

203

好的办法就是为自己建设起坚强的后盾，从此不再惧怕任何暗箭冷箭。身处办公室，最好的后盾就是有一个支持你的团队和一份漂亮的成绩单。别天真地以为有一个上司支持就能抵挡暗箭，上司也有他的底线和出力范围，所以仅有一个上司不足以安全地为你做盾牌，你最好有一个团队。这个团队可以由你的上司，你的下属，你的客户，你的供应商，你的合作伙伴组成，他们共同的力量可以帮你挡去很多麻烦。当然你还要有拿得出来的业绩，创造价值的人才能屹立于不败的山峰。说白了，在办公室里要有人挺你顶你，否则你就容易被人拱出局。不过别忘了当有人需要你做后盾的时候，也不要吝惜自己的微薄力量，否则有了一次别人的帮助就没有下一次了。

远离秘密，提高职场安全系数

藏有太多的秘密或者知晓别人太多的秘密，就会增加职场生存的不安全性。职场秘密的危害性显而易见：生活中在诸多秘密中的人会不够坦荡，不够自然，诚惶诚恐的心态容易影响工作状态。为了提高职场安全系数，最好的办法就是远离秘密。远离秘密的原则首先是自己不要成为秘密的制造者，其次，一定不要成为秘密的传播者。

职场秘密四大种类

种类一：情感隐私类

职场很容易滋生情感，原因就是工作时间长，同事间日久而互生好感,如果仅仅是大龄男女青年还好办,大不了以后不在一个公司共事,最难堪的却是那些并不合乎情理的感情,比如已婚男女之间的第三类情感,大则造成家庭悲剧,小则闹腾得双方伤筋动骨,事业前程被葬送,外加不好的口碑。还有一些办公室的暧昧情感都有着不好的影响。

种类二:职业道德类

很多公司有明确的职业道德准则,但偏偏有人想挑战公司的底线和权威,暗中破坏职业道德,以谋取所谓私利。有人可能出卖公司的机密,有人可能出卖公司的利益,也有人可能剑走偏锋破坏公司的形象。这些职场故事都有可能发生。

种类三:个人品行类

个人品行的不端,虽然不是一件立马影响公司的大事,但却会埋下隐患,至少在一定范围之内会造成所谓的不良风气,也令正义没有用武之地。人格品行问题小到揩公司的油,大到挖公司的墙角,都会给公司造成不良影响。

种类四:人际关系类

有人的地方就会有矛盾,所以职场中人际冲突的问题到处可见,这些因处事观念、价值观、性格的不同所造成的人际关系矛盾,有时直接影响工作上的合作和协助,甚至成为职场暗箭的一种。

职场秘密一定有出处,也一定有它的独特传播途径。为了杜绝和避免"接触"秘密,所以必须清楚了解秘密传播的途径。

秘密传播六大途径

途径一：公司茶水间

这可是公开的秘密传播空间了。很多人就在喝杯咖啡，倒杯茶的功夫，透露了自己的秘密，或者传播了他人的秘密，甚至听到了他人的秘密。Annie 就是公司茶水间秘密的受害者，那天加班的她拖着疲惫的脚步去倒水，不料无意中听到物料部门的总经理在安抚一位女同事，让她再等等，自己一定会离婚的。Annie 想尽快离开哪知还是被发现了。那位女同事第二天苦苦哀求 Annie 为她保守秘密，因为她还在试用期内。但几天后公司里还是传开了他们俩的"好事"，那位女同事第一时间跑到 Annie 位子前咆哮：你怎么如此缺德?! Annie 好生委屈，她也不想知道这样的秘密，也没有传播给其他人，鬼知道又是谁传播了这样的秘密。但一口被当事人咬定自己是那个出卖她的人，Annie 连申辩的余地都没有。

途径二：使用的电脑

现在电脑已成为职场办公必不可缺的工具，而电脑里也承载着很多秘密，电脑中储存的照片和视频，还有一些谈话记录都可能是秘密源。最典型的例子就是当年的艳照门，陈冠希因为送出电脑去维修，结果泄露了大把艳照，从而引发了香港娱乐界的大地震，受到牵连的人不在小数。其实在办公环境中，我们都有机会无意中接触到别人的电脑，如果抱着好事者的心态，可能就会"占有"

那些别人的秘密。

途径三：接近八卦者

身处职场，周围难免有喜欢八卦的人，他们是小道消息的传播者，同时也是很多秘密的传送者，当然八卦的内容有真假之分，有时接近八卦者就会像"近墨者黑"的道理一样，自己也会成为另一个八卦者。Joanna在公司是个老好人，谁都愿意和她聊天，最近办公室那个最乐意八卦的人总找着她一起吃饭，于是她也就知道了公司很多未经确认的"秘密"：上司已经准备跳槽，跳槽对象竟然是公司的对手单位；前台小姐被隔壁公司的钻石王老五相中，居然马上要做全职太太；公司本来要给大家年中调薪，结果据称销售部谎报了业绩，现在不仅没有加薪这件好事，还可能受到总公司惩罚……Joanna也不免深受这些八卦消息的影响。

途径四：班车的"广播"

很多公司都会提供班车服务，也算是一种员工福利，但班车上的"广播"成了不折不扣的秘密传播器，有时稍不留意就会让自己的隐私、别人的隐私大放送。Joe无意中在班车上抱怨自己婆婆的不是，结果经过别人的添油加醋，后来传到老板那里就成了Joe身为恶媳妇和善良婆婆的战争，令Joe本来温婉的形象大受影响。

途径五：网络信息

现在很多人玩微博，写博客，建个人网站，玩得不亦乐乎，却不知道有时也把自己的秘密给暴露了。John周末被他的一个客户邀请一起去打了一场高尔夫,当然所有的费用由客户承担。John回家后兴致很高,把对客户的感激之情原原本本地记录在了自己的微博上,还不忘贴上自己和客户的照片。不料周一下午就被人事部请进了办公室,因为公司是不允许员工和客户走太近的。

途径六:厕所里闲聊

别小看了厕所的威力啊,现在上班族压力大,有空来厕所放松一下补一下妆,或者打个私人电话。但有时不知不觉厕所也成了秘密的传播地。有一天 Maggie 在厕所就听到了两个同事的闲聊,说如何用公司的内买化妆品去淘宝商城开网店。这分明是违反公司规定的,因为内买的商品是给员工自用,不得挪作商业用途,此时作为人事经理的 Maggie 很犯难,是阻止同事的行为呢还是佯装不知?

面对秘密,提高职场安全系数六贴士

贴士一:对那些有关个人隐私的秘密,一定不再二次传播,以保守秘密为前提,可以适当做一个健忘者。

贴士二:对那些严重违反公司纪律的秘密,评估相应的风险性,如果知情不报会影响自己的前程,可以适度考虑说出秘密,但要选择合适合理的方法。

贴士三:对那些未经考证的秘密,权当是看了电视剧,不要随便对号入座。

贴士四:尽量离办公室八卦者远一点,因为不知道别人的秘密比知道要安全。

贴士五:管好自己的电脑和小心网络信息,不要随意窥视别人的电脑。

贴士六:不要对任何秘密保持好奇心。

主角配角是角色

生活好比舞台,有主角也有配角,虽然没有人会自愿要当配角,但由于学历经历能力等多方面的原因,生活和工作中难免有人做配角。中国有句谚语,不当将军的兵不是好士兵,但能当将军的也是凤毛麟角。身处职场的人,要有当主角的意愿,但又能享受当配角的过程,最关键的是如何当好配角,如何从配角演变成主角,又如何当好主角。

做好职场角色五大定律

角色定律一:没有配角哪来主角

配角和主角是相对的,一个公司有主角也一定有配角,而且一定是配角比主角多。通常有了配角的陪衬，才能显出主角的重要性。但有一点已成为共识，那就是没有一成不变的主角和配角关系。公司的总经理在公司的范围内就是主角，但是面对董事局、投资人可能就是一个实实在在的配角。同样，部门经理在整个部门中充当着主角的重任，但面对公司总经理时就成了地地道道的配角。所以说当配角，只是角色分工的问题，并不代表绝对的社会地位和经济地位。所有主角的优越感也是来自配角的配合而产生的。所以尽配角的义务和责任，就是成全自己未来的主角。

角色定律二：时刻做好做主角的准备

做配角未必是永远，我们时刻面临着做主角的机遇。所以即使当下是配角，也要心怀诚意，努力提高，为做主角而准备。机会只留给有准备的人。有些初入职场的年轻人，对做配角有微词，觉得是命运的不公，所以抱怨多积极努力少，不仅浪费了大把的时间，也没有尽心尽力地做好配角工作。一家公司一星期内三个总监级的员工辞职，空缺留出来了，本来公司人事部想尽快从内部提拔，结果审视了一遍，发现合适的人选并不多，只能花大钱从外面的公司挖角。而那些部门的人本来有可能从配角荣升主角，却因条件不具备而与机会擦肩而过。

角色定律三：把配角当主角来演

当配角的难处不比主角少，既要有很好的表现，又不能抢了主角的风头。但是有一种心态是可以借鉴的，那就是把配角当做主角来演,这需要有宽大的胸怀和积极乐观的处事方法,拥有主人翁的精神,而不是做一个心不甘情不愿的配角。某公司有一个受人欢迎的秘书,职位不高,但工作勤恳,对任何访客、嘉宾、公司同事都做到有求必应,而且永远面带微笑,很多人可能没有记住她的上司们,却绝对难忘她的微笑。如今她成了公司的一个金字招牌,虽然只是一个秘书,一个主营业务部门的配角,但却每天像主角般愉快地工作着。

角色定律四:做个出色的主角

很多人享受工作的乐趣,就是享受工作中的主角角色,因为可以让自己的知识能力转化成人生的价值,并承担更多的责任。所以当职场主角的机会来临时,就要好好把握,做一个出色的主角,演绎一段完美的职业生涯。著名的职场典范李开复先生,曾经依靠自己的智慧和能力,演好了职场的主角角色,不仅为其服务的公司创造了非凡的价值,同时也为年轻人树立了很好的榜样。以至于当他离开职场,成为一名创业者时,他的人生又有了崭新的舞台,他重新扮演了全新的主角角色,并为所有爱创业的年轻人提供了宽广的平台。李开复先生始终将主角做到了最出色。

角色定律五:主角配角只是角

无论主角还是配角,其实简单来说只是一个角色。而且这个角色也是特定环境下的产物,离开了环境这个载体,也就没有了特别的意义。好比那些大公司的经理们走在路上也只是路人们,并不承担经理们的职责和义务,同样的是公司小人物们,比如清洁女工,看上去她们是公司配角中的配角,但她们走在大街上的时候一样享受着空气和阳光。所以当人们脱去职业角色的外衣后,每一个人都是他们自己的主角。在职场大可不必把角色看得那样严重,主角配角只是某个阶段扮演的职业角色而已。

三大失败配角类型

失败类型一:怀才不遇型

现在有些职场的配角工作能力很强,学历也很高,但他们的自尊心过强,心理承受能力较差。面对职场的潮起潮落,他们总是发出怀才不遇的感叹,甚至在遭遇一些挫折后就表现出极度的失落感,没有再继续奋斗的勇气。不仅不能接受自己是配角的现实,而且郁郁寡欢,沉迷于自恋的空间中。不仅事业一事无成,反而消磨了斗志,既没有做好配角,更远离了主角。

失败类型二:适得其反型

这种类型的配角其实犯了一个错误,就是在不合适的时间过于表现。先不说论资排辈,从配角到主角的转化,除了主观能动性外,还取决于时机。时机对了,一切才有可能。有些职场的配角们急于表现自己,甚至不惜采用不正当的行为,这样反而会适得其反,甚至成为了主角们的眼中钉,白白多了很多发展的障碍。

失败类型三:白日做梦型

职场中也有一些人每天想着成为主角,但从来没有想过要好好努力,从配角成功实现转型。这种人喜欢每天抱着想做主角的梦想发呆,甚至一遍一遍安慰自己,不是自己不合适而是自己的良机没有到。他们的生活只有幻想没有脚踏实地的努力,最终白白浪费了大好时间,最终还是停留在原点。

职场主角三大启示录

启示录一:培养主角的气场

职场主角是要有气场的。这种气场来自自身的专业知识和工作经验,主角通常要有远瞻性和执行力,不能只是一个徒有虚名的人。主角的气场出自自信和承担责任的勇气,说白一点就是光明磊落外加真诚踏实。这样才可能有绝对的号召力。

启示录二:培养主角的人脉

没有众多配角的鼎力支持,没有广泛的人脉基础,主角是没有机会大展拳脚的。人脉就是坚实的支撑力。职场主角要学会善待每一个人,并乐意付出,甚至在功劳面前感激所有的支持者,并善于培养下属,让那些配角也有发展的空间。这样才能有越来越多的支持。

启示录三:培养主角的胸怀

职场的主角为人处世必须有节有礼,绝对不能张狂自负。如果遇上意见有分歧,要采用从容镇定的沟通方式。谦让和豁达是一种美德,而且要适时放弃自己的私利,与周围人同朝着共同的目

与咆哮保持 1.2 米　第三篇

标前进,才会在与他人的交往中得到广泛的支持。

从配角到主角的进阶八个提示

提示一:把主角当做榜样来学习和超越。

提示二:合理认知自己的能力和才华。

提示三:不参与恶意竞争。

提示四:享受从配角到主角的进阶乐趣。

提示五:认同配角主角替换的必然规律。

提示六:接受遭遇的任何挫折和考验。

提示七:拥有足够的耐心和毅力。

提示八:做自己人生的主角。

相关链接:小品《主角与配角》

20世纪90年代初期,陈佩斯和朱时茂合演过一个精彩的小品《主角与配角》,至今让人津津乐道。陈佩斯在小品里塑造了一个小人物,在厌倦了自己的配角角色后,在根本不具备主角实力的情况下,突发奇想想与主角对换角色,以为这样就可以实现自己当主角的梦想。结果是角色的道具对换了,但是他配角的品质依然在那里,一言一行都还只是一个配角的份,因而成为了一个不伦不类的"主角",让人啼笑皆非。陈佩斯和朱时茂用他们夸张的身体语言和诙谐的小品语言给出了一个深刻的警示:追求梦想,还需要量力而行,拔苗助长只能误入歧途贻笑大方。

延伸价值：做什么不重要，而是怎么做

有公司做价值培训，让年轻人去学习一位在酒店做了 25 年的客房服务的老员工，他每天重复着清洁卫生间，打扫房间的工作，看上去毫无价值也无晋升主角的机会，但老员工认认真真地干着，并乐此不疲。当年轻人询问他这样做的原因时，他说了这样的话：我不觉得自己做了别人的配角，我在每间客房做服务的时候就是一个完整的主角，这就是我的战场。我不在意我是做了什么，我只在意我是如何做的，这才是我个人的价值。老员工的话很普通很直白，却意义深刻。现在我们越来越多地在意职位，在意名气，在意金钱，但却忽略了一个最基本的要素：做好自己的角色。

与上司沟通交心术

　　与上司的沟通直接影响到自己在上司心目中的位置,也会影响自己与上司的工作关系,特别是发展和前途问题。威廉·詹姆士说过:"人类本质里最殷切的需求是渴望被人肯定。"有的人以为拍拍马屁就能赢得上司的心,其实不然。虽然拍马屁看上去是一种最快迎合上司口味最终获取利益的手段,但真诚的赞美才是硬道理。赞美是与上司沟通技巧的一个重要组成部分。赞美必须是发自内心的,真诚的,而且赞美也必须适合时宜。赞美融合了所有的赞同、欣赏和敬佩的情感。它们可能发生在庆功宴上,也可能发生在危机来临的时候,甚至可能发生在上司最需要心灵声援的时候,让我们一起来看看那些受欢迎的赞美用词和它们发生的场景吧。

赞美上司的职场故事

故事一：你是我的榜样

Wendy 在投行工作，这里的每一个女性穿着体面光鲜但内心的压力却无人可知。她的上司两年前接了一个大案子，没日没夜地拼搏。因为她要用成功的案例来获得客户和管理层的双重认同，所以她牺牲了无数个周末，甚至连过节都没有和家人在一起。功夫不负有心人，经过两年多的努力，Wendy 的团队在女上司的带领下终于完成了任务，那天公司 CEO 特地为这个团队的成功开了香槟祝贺，并对 Wendy 上司这两年的表现做了真诚的回顾和肯定，令所有在场的人动容。在办公室的会议室里 Wendy 情不自禁地拥抱了自己的女上司，并对她真诚地说："你是我的榜样，你太棒了！"女上司的眼角有点湿润，她知道她的付出有所回报，更重要她的团队始终和她共进退，并且在受了很多委屈之后依然以她为傲。一句来自下属的"榜样"称赞让女上司赢得了尊重。

故事二：你是杰出的

Jacky 是一家 4A 广告公司的创意总监，他有着良好的学历背景并且曾在纽约的广告界小有成就，但来到中国后他的团队和客户并没有立刻认同他的文化和创意，所以他在适应中慢慢成长，也在适应中承受着压力。但他非常坚持自己独特的视角和观点，刚开始也由此招了不少的非议，因为现在是商业社会，客户不批准不付钱再好的创意也是废纸一张,所以 Jacky 一直在等待时机。而他的一个助手总是在他遭受不解的时候,给他留一张小纸条:你是杰出的!让他颇受鼓舞。最后 Jacky 为某个知名品牌所设计的广告创意获得了中国大奖,并在市场上得到了追求自由精神的年轻人的喜欢,一炮而响。而 Jacky 在获奖感言时也不忘感谢他的助手,那一张张小纸条是他成功的支柱,身处低谷时期的 Jacky 助手的"杰出"的评价是对 Jacky 最好的赞美,甚至高过了所谓的获奖。

故事三:你的品位影响了我们

David 是新上任的全球市场总监,他曾经因为在竞争对手公司做出了卓越的成绩而被猎头猎到了新公司。面对墨守成规的新公司,David 大举改革,他用自己的策略眼光和独到的见解去影响所有的人,甚至不惜亲力亲为进行内部培训,希望改变新公司的陈旧观念和保守文化,并多次在重要的会议上大胆表达自己的意见,经过一年多的努力他的下属们开始显露生机,并愿意尝试新的方法。David 直言不讳地指出团队成员的一些明显错误,当然他也积极尊重大家的劳动成果。当他 50 岁生日来临的时候,所有的下属自告奋勇地组织了一个网上庆生会,有下属上传了自己的心声:"你的品位影响了我们。"David 笑了,这样的赞美让他很受用,因为他认为一个领导者的领导力在于他的影响能力,如果他的品位可以影响公司,那说明他不是仅仅用他的强权征服下属,而是自己的个人魅力。

故事四：你的勇气让我们惭愧

Lillian 是一家上市公司的企业形象推广部门经理,最近公司在对外形象方面有点弱势,经常遭到媒体的曝光。其实她可以用躲避的方法去应对这样的危机,但 Lillian 没有这样做,她认真总结了媒体的报告,并找出本公司的弱点所在。在公司的管理层会议上她还率先发言,并承认自己在企业形象推广方面的不足之处,这让很多人感到意外,因为大家最怕上司问责,更不会自己撞上枪口。但 Lillian 认真的态度还是打动了所有人,特别是她的团队成员们,他们不仅没有责怪上司的"莽撞"反而被她勇于承担责任的勇气所打动,她的下属在会议室里就发了一条支持她的短信:"你的勇气让我们惭愧,我们必须迎头而上。"Lillian 很欣慰她的团队理解她的苦心,也为得到这样的赞美而高兴。

巧用赞美和上司沟通,比奉承式的拍马屁要来得更有意义。所以与其做拍马屁一族不如做个懂得赞美的高手。那么拍马屁和赞美有什么区别呢?办公室的拍马屁种类一般有歌功颂德型、永远盟友型和混淆是非型。歌功颂德型,就是一路高唱赞歌,善于用放大镜去看待上司的任何小成绩。歌功颂德型的拍马行为的坏处,就是无端助长上司的虚荣心,使其飘飘然不再有脚踏实地的精神,对企业的长远发展不利。永远盟友型,就是那种没有原则,任何时候都站在上司的一边,甚至不惜牺牲自己的为人原则和同事利益,一付唯唯诺诺的"奴才"精神。通常永远盟友型的拍马人士很依附于上司,没有自己独特的个性,也不善于坚持自己的理想,用一种看似绝对忠诚的方法去换取职场发展的空间。只是这种人很容易成为上司某个阶段利用的对象,而非真正的有用人才。混淆是非型,就是为了博得上司的好感和自己的职场利益,故意混淆是非扰乱视听,制造很多不必要的麻烦并刻意表现自己的能力和忠诚,以此蒙骗上司。上司有时会倚重于这种人去管理其他人,但同时也心知肚明此人不可长用,终为弃兵一个。由此看出拍马的人多数是为了满足自己的私利,而采取这样的沟通方法,这样的做法会给办公室带来不好的风气,而且从长远来看员工也容易被公司弃用。而真诚的赞美是在工作互动中体现了对上司的认同和敬仰,赞美的力量是无穷的,它是我们献给上司的最好的礼物,不妨大胆真诚地去赞美上司吧。为了更好地与上司沟通,这里介绍一些细节提示供读者参考。

和上司良好沟通的六大细节提示

提示一:学会赞同

上司也是人,他们同样需要认同感。当员工认为上司的某种决策或者某种行为很有价值时,不妨表示下自己的赞同,但要丢掉所有过分的修饰和献媚的表情。赞同可以是在公开的场合,也可以是私人的时间,可以是书面的语言,也可以是口头表达的语言,甚至是一个眼神一个举动。

提示二：学会感恩

　　上司拥有自己的职权,当他在职权范围内合理地惠顾于自己时,比如当上司给了自己培训学习、升职发展,甚至是一个独当一面的机会后,一定要选择一个机会,无论书面还是口头表示自己的感激之情,上司的栽培是职场发展的必经之路。

提示三：学会认错

　　职场中犯错是难免的。身为下属如果也能勇于承担责任,一定能让人刮目相看。认错的方式可以是公开的,也可以是私下的,可以是一份内部邮件,也可以是一次长谈。在上司面前勇于承担责任,其实也是自我成长的表现。

提示四：学会沉默

　　沉默也是一种力量。在自己尚没有 100％ 的把握时,保持沉默比胡乱的偏向来得更有意义。偶尔的不表态并不代表自己的不合群,没有必要违背自己的原则去奉承或妥协上司的决定,沉默可以让自己有暂缓思考的时间和空间。

提示五：学会助人

　　不要以为上司足够强大,不需要任何人帮忙;不要以为上司一定什么事情都能干,在他们需要帮助的时候伸出自己的双手,这比任何阿谀奉承来得更有意义;不要与上司计较自己的得失,把对上司的援助权当是一次学习"雷锋"。这样的助人既能拉近与上司的距离,同时也能体现自己的能力。

提示六：学会关心

　　与上司的沟通不仅仅是关于工作，有时真诚的一句问候便会缩短心灵的距离。比如对上司健康的关心，对上司子女的关注，对上司压力的关切，都会不经意中传递暖暖的爱心。一次随意的谈心都可能体现自己对上司的爱心和关怀。

真心赞美女上司的三要素

　　要素一：别忘了赞美女上司的好品味。

　　要素二：别忘了赞美女上司的家庭和睦或者儿女有成。

　　要素三：别忘了赞美女上司的倾情工作。

真心赞美男上司的三要素

　　要素一：别忘了赞美男上司的睿智。

　　要素二：别忘了赞美男上司磊落的胸怀和旺盛的斗志。

　　要素三：别忘了赞美男上司长袖舞风的手腕和技巧。

第四篇

好马回头不为草

职场人大多在起伏中发展，在危机中成长。要想拿到进入核心圈的通行证，不妨学学回头的好马们，不妨练就过硬的软实力，不妨寻找助人成长的大阶梯和高撑杆，不妨为蕴含潜力的 80 分喝彩。来吧，职场需要华丽的转身！

好马回头不为草

女友最近接到旧公司抛来的橄榄枝，询问她有否可能回去重操旧业。女友很纠结，既担心错失了这个高薪的好机会，又怕自己做了错误决定，于是决定在网上晒自己的心情并征求大家的意见。赞同的反对的声音接踵而来，当然最多的还是那句名言"好马不吃回头草"。说实在这个谚语的典故如果不是网络搜索还真的不知其缘由。它的本意说的是说好马走出马厩奔向宽阔无垠的草原，一眼便能瞥见鲜美可口的嫩草，于是就沿着一条选定的线路吃下去，直吃到肚大腰圆地把"家"回，而绝不会东啃一嘴，西吃一口，丢三落四地再回头去补吃遗漏的嫩草。换句话说并不是所有身后的草都不好，也并不是所有眼前的草都是好草，只是好的马种会很仔细吃掉眼前的草，也就不会吃"回头草"。对此人们发挥想象力，得出这样两种结论:第一,群马在草地上争着吃草,只有竞争能力弱,抢不过别的马才去吃回头草。第二,好马只要选对方向,就不会担心天涯何处无嫩草,只要一路向前进就可以了。

如今"好马不吃回头草"也成了职场一条不成文的定律。在人们的思维里,吃回头草是件不体面的事,代表了当初决定是错误的,甚至是自己的能力有限而无法去其他地方闯荡。近日,前程无忧网的调查就发现有40%离职的人认为,即便原公司希望他回去,自己也肯定不会回去。难道回头草真的不能吃吗? 其实,在现实的职场还是有很多人选择了"回头草",同样得到了很好的发展。

好马回头的职场故事

故事一:好马回头不为草

Eily 大学毕业考入了一家大型国有商业银行,从基层工作开始做起,业务能力扎实,深受银行管理层器重,只可惜商业银行的体制决定了每一个人发展的空间是有限的。为了让自己有好的前程,Eily 转工去了美资银行并从事了衍生产品的投资服务工作,然而五年之后 Eily 还是看到了所谓的职业玻璃天花板,正好此时原来的商业银行在全球范围招募金融高级人才,Eily 也是被锁定的一员。当听到自己有机会重回国有商业银行,并从事最新的贵金属投资服务时,Eily 的激情再次被点燃。虽然国有商业银行的待遇不如外资银行,连工作环境也无法与之相比,而且外资银行还有很多隐性待遇比如国外出差培训,房贷补贴等优厚福利,但 Eily 还是做出了一个大胆的决定——回原来的银行工作!虽然看上去像是一次回归,但其实是一种飞跃。因为工作性质不一样,工作职责不一样了,更重要的是 Eily 的自我信心和职场目标在这里更强更具体更现实了。Eily 的回头不是为了高薪,而是让自己的职场之路重新启程,并迈向新的高度。

故事二:好马回头报恩情

Dennie 的第一份工作就是在一家民营企业担任秘书,她的勤奋和努力很让管理层赞赏,由于公司处于业务发展初期,能干的 Dennie 成了一个全能型的人,在公司里一个人担当了好几份工作,由此成长得很快。公司总裁亲自点名送 Dennie 出国进修,并给予了很好的工作待遇。随着年龄的增长,Dennie 已经不满足仅仅在这家民营企业工作了,她希望可以打开翅膀飞得更远,于是她辞职转战其他行业,并争取到了一个前景非常好的职位——欧洲业务代理。然而天有不测风云,老东家遭遇了内讧,业绩滑坡,人员流失,公司面临被收购的境地。就在此时曾经的总裁想到了 Dennie,他主动约见 Dennie 并希望她可以考虑回来帮助公司渡过难关。Dennie 考虑了三天之后,回到了旧公司,回到了昔日熟悉的工作环境。只是她的回头不是为了诱惑的物质条件,而是为了感恩公司曾经的培育。她觉得自己将来还有机会闯荡世界,而此时她更应该留下来为培育过自己的公司出把力。

故事三:好马回头是策略

Meggie 是一个很有上进心的女孩,她很清楚自己要什么,怎么做。当年她作为培训生身份进入了知名媒体集团,轮岗过不同的岗位,目标就是有天成为一名主编级的人物,甚至成为出版人,但在人才济济的媒体集团要出头可是一个漫长的过程,于是她决定走曲线救国之路,很快辞职跳槽去了另外一家规模较小的媒体公司,两年不到就稳坐专题总监的职位,别以为她就此安心,其实她一直以来倾心编辑主任一职。Meggie 很懂得包装自己,很快就成功跳槽,成为一家媒体的编辑主任。更令人意想不到的是,10年之后 Meggie 回到了当年的媒体集团应聘主编一职,面对元老们她说出了心里话:我知道我一定会回来的,因为这里才是我开花结果之地。但是闯荡外面的世界让我开了眼界,也缩短了在这里坐冷板凳的时间,我的职业策略让我回头成功。

故事四:好马回头也知福

Lulu 提出要辞职的时候,办公室主任用不解的眼神足足看了她五分钟。Lulu 是全公司最安分的那个人,认真做事,认真做人,公司上下对她评价都很高,虽然她不是一个有野心的人,但也算是公司中层的主要人物,工作收入不错又相对轻松。而 Lulu 的离职就是因为嫌工作太没有激情,死气沉沉,她希望趁自己尚年轻,让工作变得忙碌些。办公室主任劝说她留下不成之后,扔下"狠"话:你出去干不了多久的,我这里帮你保留位置,欢迎尽早回来。Lulu

离开旧公司的时候心情是愉悦的,像小鸟飞出笼子一般。只是九个月后她就打电话给主任了,因为她发现外面的世界很精彩也很无奈,她的激情被不停的加班不停的出差不停的开会所消耗,曾经精神饱满的她变得消极低落。听到她的抱怨主任在电话那头大笑,你的档案还没有转出去呢,赶快回来上班吧。Lulu 重回公司的那一天,见谁都说"身在福中要知福",这也是她真实心情的写照。好马回头的她也以更加出色的工作状态回报公司。

好马吃好回头草八贴士

贴士一:想吃回头草的时候要坚决。犹豫的时间越短,成功的概率就越高。

贴士二:"回头"时的态度也要诚恳,别带着一副勉为其难的心态。

贴士三:花点时间研究"回头草",知己知彼是硬道理。

贴士四:与旧同事良好互动,他们可是有价值的情报大军。

贴士五:即使是被高调请回去的,也要低调做人。

贴士六:在回头的前三个月,要调试自己的心理。

贴士七:遭遇困难时一定要多鼓励自己,坚持就是胜利。

贴士八:尽量不要重提往事,过去的陈年旧事未必可以为你加分。

职场经典故事:从培训生到首席执行官

海沃德现任 JWT UK 首席执行官,今年 46 岁,于 1987 年以毕业培训生的身份加盟该公司(原名 J. Walter Thompson),同年,该公司被苏铭天爵士(Sir Martin Sorrell)的 WPP 收购。他能说一口流利的法语和西班牙语,从 1990 年开始在 JWT 巴塞罗那分公司工作了 2 年之后就决定另谋出路,希望得到更快发展。在离开 JWT 后的 17 年里,海沃德的事业欣欣向荣。他最初供职于阿姆斯特丹的 Weiden＋Kennedy,为耐克(Nike)工作,并学习创意在广告中的重要性。海沃德于 1998 年离开了 Weiden,成为阿姆斯特丹另一家广告公司——180 的创始人之一。在 180 工作逾 10 年后,他再次选择了离开。而此时他工作过的第一家公司正在招聘 CEO,他凭借着出色的管理才能重回 JWT。若没有多年在外时的历练他也许永远不会获得这个最高职位。他掌握的创业技能在上任后的头 6 个月,帮助公司赢得的新业务就比之前的 2 年还多。

关于好马吃回头草的那点事

流行回头草的行业:广告业、媒体业。

写入公司手册的回头草条例:公司的门永远开着,欢迎新老员工再次加入。

有信心找回回头草们的老总感言:我不怕员工走,他们迟早要回来的。

　　回头草的最佳广告代言：灰太狼，"我一定会回来的"。

　　回头草的工龄计算：重回公司的最好待遇是可以累积工龄。

　　最佳回头草进程：先就业再创业重新再就业。

成长危机的节奏

最近办公室里出现了一个热门话题，即职场成长危机。此话题起源于一份针对 4000 多名白领的抽样调查。调查显示白领的外语水平并没有想象得那么高，公务员英语达到六级以上者仅占 14.6％；各类经营管理人员中，能熟练掌握外语的仅占 19％。调查还显示白领的实际动手能力、适应能力也不高。这些原因使得一些白领在工作中遭受挫折，或是在新的工作面前没有足够的自信，从而产生"本领恐慌"。为此有很多专家为职场成长危机给出了这样的定义：个人从某一发展阶段转入下一阶段时，原本的技能和知识无法应付新的岗位要求，由此产生暂时的适应性障碍、短期行为混乱和情绪失调。然而根据本人多年的职场经验，我认为职场成长危机应该是指涵盖整个职场发展过程中的多种危机，而非仅此一种。现对每一种危机进行有效的剖析,并提供相应的破解职场成长危机的秘笈供职场人参考。

职场成长四大危机

成长危机一:能力危机

此危机通常发生在进入职场后的 3～5 年。原本的新人已经摆脱了幼稚和不成熟的青涩感,慢慢熟悉企业的文化和职场的规则,并开始对人生的目标有了强烈的追求感,有时甚至带点"急功近利"的态势。但事实上经过 3～5 年的锤炼,并非每一棵树苗都马上可以长成参天大树,如果不能很好地评估自己的长处和劣势,一味地"拔苗助长",试图用最短最快的时间让自己升职加薪甚至从事自己并不在行的工作,反而会影响自己职业生涯的发展。

George 大学毕业后在美国一家知名的银行工作,从事后台数据管理,因为符合他的专业所以工作起来得心应手,虽然看上去是一件重复劳动的工作,但银行给予的多种培训让他很快掌握了多种新技能并对职业发展有了一定的规划。不料一次同学聚会让他的心开始不安起来,因为同年毕业的老友们很多有了晋升的机会,甚至有了很高的薪水,连发出的名片也变得大有来头。这让一直自以为很优秀的 George 有点迷惘,他突然对银行的后台数据管理产生了莫大的排斥感,他希望自己也可以做更多有上升空间的工作,于是他盘算起跳槽来。经同学的介绍他很快进入了另一家刚进入中国急需人才的外资银行,负责信贷风险的分析工作,职位高了薪水多了,但接踵而来的压力也大了,面对全新的业务 George 并没有理清应有的头绪,原本以为银行会给予一定的培训,哪知市场发展急需人手,George 还没有完全准备好就被推上第一线,半年下来 George 都处在诚惶诚恐状态,他觉得自己的能力和经验并没有达到新公司的要求,因而丧失了职业的安全感。此时他才深刻理解昔日上司的一句名言:经验的累积是一种"蛰伏"。

破解能力危机的秘笈:

- 拥有完整的职场规划和相应的时间表。
- 放弃攀比的心理,在每一个阶段做最好的自己。
- 坚持学习和积累,珍惜任何培训的机会。
- 向年长的同事和上司讨教职场生存经验。

成长危机二:信任危机

此危机通常发生在工作 8~10 年阶段。由于在工作上已经积累了一定的经验,自己的能力也有所长进,甚至已经在一定的中层职位上经过了锻炼,自觉个人的成长和期望超越了周围的环境包括公司的发展,甚至对上司的能力也产生了怀疑,由此有了对未来前景的困惑感但又无从下手,容易被犹豫和烦躁的情绪所影响。信任危机如同青少年长大后的叛逆心理。

十年前在一次大学毕业招聘会上见到了现在的女上司,Angela 一眼就被女上司相中,成为了她部门的秘书并从此开始了她的职业生涯。能进入这家被誉为行业内的"黄埔军校"的公司，让 Angela 对女上司有一种难以言表的感激之情。由于自身的优秀条件和努力，Angela 得到了女上司的欣赏，也步步高升，从十年前的秘书到现在的总裁私人助理。在女上司完成了自己职业奋斗目标的同时，Angela 也比同龄人有了更广阔的视野。但矛盾也随之而来，十年的相伴让 Angela 比谁都了解女上司，包括她的优点和缺点。由于年龄的跨越和世界观的不同，成熟后的 Angela 突然有了一种想要挣脱的欲望，而这种欲望也让她对昔日崇拜的女上司渐渐少了敬畏多了反抗，她不再愿意成为女上司双翼庇护下的小鸟，她希望找到更大的森林。为此 Angela 多次在众人面前发出和女上司不一样的声音甚至是冒犯。Angela 清楚地意识到自己这种危机情绪的存在，她不再是昔日对女上司无条件地服从的小女生了，但她却深陷唯恐背负"忘恩负义"之名而不知如何与恩师开诚布公交谈的苦恼中。

破解信任危机的秘笈：

- 与恩师真心沟通，感恩职业生涯的栽培。
- 直言自己的职业理想和目标，哪怕是不成熟的小小愿望。
- 为自己的职业转身做好扎实的准备。
- 理性控制自己"反抗"情绪的泛滥。

成长危机三：年龄危机

这种危机通常发生在工作 15 年之后的阶段，此时的人生开始慢慢接近中年。工作的激情淡了，生活的压力重了，身体的能量少了。比起那些生机勃勃的年轻人，心理上唯一的安慰就是多年的工作经验，但也明白这种经验未必能加分，有时却是缺乏创新的代名词。职场上每天上演的"长江后浪推前浪，一浪更比一浪高"的故事让这群人时时不安，他们害怕成为企业的负担而被淘汰。

　　生于1971年的Debby曾经骄傲地自称是70年代有责任心一代的代表，在职业生涯的前16年她依靠自己的韧性和执著，先后成为两家媒体公司的核心人物，为公司创造了巨大的业绩，然而岁月不饶人，转眼Debby成了这家新媒体公司里除了CFO外最年长的那个人，连CEO都出生于80年代。有时和比自己年轻10多岁的同事一起工作觉得很有趣，但更多的时候她觉得自己老了，和这个时代有隔阂了。同事们可以陪客户唱歌到天亮，可以周末去打实弹射击游戏，而自己上有老下有小哪有这样的精力和体力，更重要的是现在连客户都是80后的年轻人，沟通起来也障碍多多，看看他们的"童鞋"＋"酱油"的表达方式，Debby这位中文系毕业的高材生只能自叹不如，更重要的是互联网3G时代的来临让她这个不喜欢时时与网络互动的人有了更大的心理障碍。Debby时常感慨父辈们50岁以后的退休计划轮到自己这一代不得不提前了，如今心有不甘但却不能不考虑提早退休的矛盾，成了与Debby的心头之痛，而这种危机感也时时影响着Debby的健康和安宁，脱发失眠甚至轻度忧郁，一直挣扎在与自己较量的边缘。

破解年龄危机的秘笈：

- 合理评估自己工作经验和能力方面的优势。

- 承认年龄的弱势，将生活重新立位为"健康，家庭，事业，财富"。

- 寻找家人的理解和支持，不一味为自己加压。

- 不放弃学习的机会，让自己能够"与时俱进"。

成长危机四：人际危机

这种危机的产生可能发生在入职后的任何阶段，从职场新人到职场女王都有可能经历人际危机。人际危机产生的主要原因是因为职场发展的空间有限，优胜劣汰的自然规律让职场人很容易诱发人际摩擦和冲突。在职场的成长过程中，最容易发生人际危机的时刻是遭遇组织结构调整时，职场人员框架的改变让危机四起。

Veronica 最近心烦意乱。事情的起因是她所在的部门被总公司出售，所以原先部门的人有可能被新公司接纳也可能被原公司留用。Veronica 已经有六年的工作经验，虽说来这家公司上班只有一年时间，但好歹也是猎头挖来的角色，而且她自己特意在公司附近租了房，生活的重心也以工作为重。她非常期望部门主管可以把她留用，她也风闻一些对自己有利的消息，不料半路杀出了一个"程咬金"，她在部门的最佳拍档和密友居然主动向负责人事安排的领导报告了自己曾经的工作失误甚至是私底下的牢骚，这一报告可谓对 Veronica 极为不利，因为公司留用的名额本来就不多，公司挑选留下的全是精英和忠诚者。Veronica 对密友的行为很气愤，但现在的她有口难辩，只能听天由命。但从此她和那个密友形同陌路，两人未来的人际关系也打上了死结，Veronica 遭遇了所谓的人际危机。

破解人际危机的秘笈：

- 坚信自己的坦荡能换回公司和他人的信任。
- 无论结果如何，都要主动和人事主管沟通事情的真相。
- 祝福密友在公司的变动中有美好的结局。
- 从整个事件中学习和汲取人生的经验。

职场专家赠言

危机潜伏在职场发展的各个阶段，危机不可怕，因为危机代表着新的机会，正确处理危机，在危机中成长和提高，已是职场的一门必修课。

跨入核心圈的通行证

核心圈即 core circle,核心圈一般由公司创始人、风险投资者、以及值得大家信赖的人组成,在大公司中会存在数以百计的核心群体,个别能力强、有号召力或掌握关键资源的人,也可能是核心圈中的一员。核心圈里的人物在公司内部通常具有超乎寻常的影响力。

女性要想在职场稳步发展,一定要有理想。理想和目标越清晰,计划才会更现实。人才辈出竞争激烈的职场,只有早一天进入核心圈,才有机会站稳脚跟,赢得更多的发展空间。所以鼓励有理想的你大步跨入核心圈。如果你不是投资者或创始人,要跨入核心圈必须具备如下的潜质:第一要有远大的理想,第二要有成功的欲望,第三要有别人没有的技能,第四要有坚强的品质,第五要有较高的情商,第六要有学习的动力,第七要有平衡的技巧,第八要有合适的美丽指数(beauty quotation)。

如果你已经具备了上述的特征,恭喜你离核心圈只有一步之遥了。但是进入核心圈还要有一个天时地利人和的因素,所以要真正跨入核心圈还必须有引路人。引路人通常会是你的上司也可能是欣赏你的同事和盟友,所以要进入核心圈一定要有耐心,被伯乐赏识也需要时间考验。你体现的价值就等于你被批准进入核心圈的价值,所以当万事俱备的时候,请务必将你的能量发挥出来,个人价值的最大化才是大步跨入核心圈的通行证。

这里给大家分享三个成功进入核心圈的典型故事。

跨入核心圈之职场故事

故事一:踏实努力稳步提升

Renee靠卧槽多年的功底成功进入了核心圈。大学一毕业她就被著名的500强企业收揽怀中,Renee一开始就给自己制订了一个长远的计划,前三年打基础学本领,后三年成为骨干力量为公司出力,再三年就必须有所建树成为中层领导,然后慢慢成为公司核心人群的一分子。有了这样的计划,Renee自然不会松懈,好学肯干的她很快赢得了公司各层面的喜欢,特别在几个重要的项目中她都主动承担责任,并不计报酬,所以她在很多同事面前树立起了威信。被提升为项目经理后,她更加踏实苦干,由此得到了部门老总的信赖。她也处处维护老总的形象和利益,不知不觉中就成了部门老总的左右手。随着部门老总在公司的地位越来越重要,Renee参与的项目和工作也就越来越多,甚至她好几次都以老总智囊团成员的角色出现在大家面前。十年的埋头干活和不凡的业绩,Renee也渐渐成为公司里有影响力的人,并在前任老总有意和无意地安排下,成为了重要的决策层人选。如今没有人再可以小视Renee的存在,因为她不再仅仅是一个干活的兵,也是核心圈里的重要一员,甚至有话语权和表决权。Renee为此也获得了极大的工作成就感。

Renee成功法宝:耐心卧槽,吃苦耐劳,上司提携。

故事二:能力出众毛遂自荐

Shirley通过猎头公司进入一家银行,这里人才济济,而且每个人都有很强的背景,光是哈佛耶鲁的毕业生就一大堆。所以聪慧的Shirley知道光有一个VP的头衔,并不保证职业发展的顺利,她必须在最短的时间内创造业绩,并尽快引起管理层的注意,从而实现进入核心圈的愿望。Shirley没有按常规出牌,她在上班的第三天就直接约见亚太区分管私人银行业务的总裁,提出自己愿意主动开发私人业务并扫除私人业务发展的壁垒和障碍。这本来就是总裁一直在谋求发展的新领域,只是一直苦于没有找到拥有相同理念的合适人才。Shirley的出现以及她的大胆和执著让总裁欣喜若狂,不过老谋深算的他还是将了Shirley一军:这个业务很多人想做也有很多人尝试过,但最终都没有太大发展,你有什么打算?Shirley凭她对中国市场的了解娓娓阐述了自己的理念,并表明自己是有抱负的人,就想做别人可能做不成的事。总裁对Shirley留下了很好的印象,也立即给予了她合适的空间和平台。Shirley花了两年的时间为银行构建起重要的私人银行业务框架,并与中国相关部门沟通谈判,拿下重要批文。同时她还倡导私人银行以教育为本的理念和让潜在客户先学习后签订的市场策略。Shirley因为业务能力卓越,不仅令总裁放心,也当仁不让地进入了职业发展的更高领域。如今Shirley已是这家大银行私人银行业务的中国总管,当然也稳稳地进入了核心圈。而最得意的莫过于曾经召见过她的亚太总裁,因为他逢人便说,如果没有他的慧眼,可能会让银行损失了一个有价值的人才。

Shirley成功法宝:大胆出牌,承担风险,执著敬业。

故事三:曲线救国成功晋级

Eva刚转工来公司的时候,令很多人费解。堂堂名牌大学毕业生,相貌姣好,已经在某品牌公司人事部工作两年,为何要来这里应聘一个总经理秘书?而Eva给出的理由很简单,就是愿意和高层次的人一起工作。Eva的秘书工作无可挑剔,但她同时也花了大量时间研究公司内部的各个部门状况,并利用工作的机会参与各部门的协调,这些都为Eva赢得了不错的口碑。五年之后当总经理离任回国之际问她有什么要求时,Eva说出了沉积已久的想法:我想去人事部做经理。总经理相信 Eva 的能力,也作为人情,在离任之际顺水推舟介绍她去了人事部,当时人事部唯一空缺的就是合资企业的人事经理,所以 Eva 就这样三级跳成为了人事经理。更令人意想不到的是,第二年公司就全面走本地化路线,并以合资企业的形式推进中国业务,而 Eva 顺理成章地成为了人事总监,因为只有她最了解合资企业的运作。而她也成了列席高级行政人员会议中的一员,参与公司的重大决策。

Eva 告诉她的好朋友,走曲线晋升的策略风险较大时间较长,但却能够在自己的安排下实现目标,总秘的五年让她全方位了解了公司,也得到了总经理援助。所以职场发展规划必须因人而异。

Eva 成功法宝:长远计划,目标明确,曲线成功。

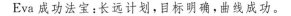

揭竿而跳

　　职业生涯难免遭遇跳槽，跳槽的益处就像是一盘流动的水，可以让自己的职业生涯鲜活起来，又可以开拓职业的视角，尝试在不同的领域里生存，并发挥自己的价值。但跳槽绝对不是一个人在战斗，如何通过跳槽让好工作找到自己，又如何得贵人相助在职场之路上步步高升？从现在起不妨学学揭"竿"而跳的技术吧。

　　要跳槽成功，首先要找到相应的贵人提供帮助，贵人就是那个助人起跳的撑杆，它会让人突破原有的极限。职场发展过程中共有三类贵人。

职场发展三类贵人

第一类：让猎头发现你

现在猎头手上最多空缺的位置不是绝对的高层，而是企业的中层力量，有分析数据显示年龄在 28～35 岁，拥有 5～12 年工作经历的人最容易被大大小小的猎头公司关注。因为这一群人在职场中处于相对上升通道，又有较强的奋斗意识，而且年富力强，正好能成为企业的中间骨干。如何才能引起猎头公司的注意和青睐呢，其实猎头公司在中国有近 4000 家，从业人员上万人。所以如果有了跳槽的心愿，不如先为自己准备一份完美的简历，或者说个人的"推广书"，详尽介绍自己的学历和工作经历。当然还要把自己的长处和优势着重注明，至少当猎头看到此类简历时可以眼前一亮而又过目不忘。此外还要了解一下猎头这个行当的特点，别以为仅仅是要跳槽的人在找猎头，其实猎头也在急切地寻找着合适的猎物，大多数的猎头都愿意多多收集那些有可能跳槽的人的资料。所以从现在起不妨把跳槽的意愿小小发布一下，发布的对象可以是那些和猎头打过交道的老同学，老朋友，老同事，这样就可以通过多方面渠道获得猎头的联系方式，并主动或者委托朋友递上自己的简历。当有猎头来电或者约见时，一定要认真对待诚恳地表示自己的职业规划方向和能力。此外有机会要多参加行业内的聚会，比如做人事工作的，多参加人事经历沙龙或者专业研讨会,很快就能认识这个行业的精英并且也有机会让暗中行动的猎头发现你的存在和价值。当然别忘了网络的力量。多关注网络信息并适时在网络上发布有利于自己的消息,这样也有机会能让猎头搜索到你的相关资料。别拒绝参加各种集体活动或者社交聚会,这样不仅可以开拓自己的社交网络,更关键的是可以找到与猎头或者伯乐相遇的机会。很多成功跳槽的人就是在培训活动上遇上了新的职业发展机会。让猎头成为你的贵人不难,关键看你是否准备好与猎头相遇。

关键点:和猎头们一起行动!

第二类:职业导师的钦点

在职场发展的过程中,我们每一个人都有可能会从低级的职位升迁到高级的位置,一路上我们会有不同的上司,他们用他们宝贵的经验指点着我们的行动,让我们少走弯路,并迅速成长。通常在职场入门或者入行阶段的上司是最为重要的,而那些有爱心有经验的上司常常也会由此成为年轻人的终身职业导师,因为他们身体力行,用自己的行动影响着年轻人。或许有一天我们会离开这样的导师,自己外出闯荡,但导师却会时刻关怀着我们这些年轻人,甚至利用自己在行业内的影响力为"弟子们"以后的发展提供帮助。特别当我们遇到棘手的问题,或者特别无法把握方向的时候,我们都会和曾经的导师沟通,向他们讨教宝贵的意见。有些公司在招募新员工时,会增加"reference check"即背景调查,而昔日上司的中肯推荐直接影响到新员工的发展前景。记得那一年我想转入现在的行业工作时面临 10 多个竞争激烈的对手，我外企职业生涯的第一位上司就给了我这样的点评：她是一个充满潜力的人。由于他的独特评价，我得到了新公司的首肯并成为了上海代表处的首位中国员工，由此影响了我此生职业生涯的发展。殊不知我的这位恩师是香港行业内的鼻祖级人物，但他不仅负责我刚入行时的全部培训，让我成为了一个专业人士，还在我日后跳槽时给出了最好的评价，他不仅是我的职业偶像，也是我终身的导师。现在还有一些公司开设了职业规划培训，并有专业人员从事职业导师的工作，千万别小视他们的作用，他们广阔的人脉也会对我们的跳槽带来意想不到的作用。

关键点：导师的作用不可小视！

第三类：朋友的友情推荐

别以为职场发展的贵人仅局限于职场范畴内，其实在整个职业发展的过程中，我们身边的朋友或者朋友的朋友都有可能伸出友爱的手给我们提供帮助，这些人可能会提供职场职位空缺的信息，可能会提供相关行业的资讯让我们思考和审阅，甚至他们会介绍认识的猎头给我们。当我们在职业生涯遭遇瓶颈时，朋友也会是最好的心理辅导师，帮我们从第三方的角度解答疑惑。如何得到朋友的职场关照和指点呢？我们不妨遵循"我为人人，人人为我"的原则，只有我们在朋友有困难的时候给过他们无私的帮助，我们才有机会在需要朋友的帮助时得到他们的帮助。从现在开始做一个有心人吧,收集相关行业的知识,与不同职位的人沟通分享他们的职场经验,如果有机会得到猎头的惠顾,不妨把这些猎头的信息也分享给有需要的人。很多公司鼓励内部员工推荐人才,如果有这样的机会,请不要吝惜把信息发布出去,通过自己的小小动作——转发邮件,就可以为朋友或者朋友的朋友推荐成功一个职位。有时我们也会面临新工作的机会,但碍于种种其他考虑我们又不得不放弃时,请不要忘了推荐你认为合适的朋友去尝试这样的机会,这样既满足了用人单位的需求,同时又可以让合适的朋友有机会跳槽。所以从现在开始不妨让我们做个职场"贵人",帮朋友们成功跳槽。这样在我们跳槽时就不会缺少贵人的相助了。

关键点:人人为我,我为人人!

成功跳槽之职场故事

Sean 的事业成功就是一则职场发展的经典故事。拥有清华大学硕士文凭的 Sean 离开大学之后进入了企业做财务方面的工作,师从于来自美国的财务经理,在五年的工作中他始终抱着学习的心态,很快他比其他的年轻人都更扎实地掌握了现代企业的财务制度,当然他也获准了定期申请去中欧管理学院进修的机会,一次偶然的同学聚会他被告知有猎头正在为一家世界 500 强企业寻找财务经理,在同学的引荐下他见到了猎头,通过几轮面试他很快得到了那家公司的 offer,当他和恩师告别的时候,他的职业导师告诉他："我知道这一天迟早会来,好好干,年轻人。"当他和恩师再见面的时候,已经是他走上工作岗位的第 11 年,原来有公司想挖 Sean 的恩师去一家大型上市公司做 CFO,他考虑到自己年事已高,想到了能干踏实、羽翼丰满的 Sean,于是他向那家上市公司力荐昔日下属 Sean。经过多次残酷的淘汰考试,Sean 又一次跳槽成功,成为了大型上市公司的 CFO,职业生涯为此也开始了新的篇章。业余时间 Sean 参加了高尔夫培训,结交了更多的朋友,当在 CFO 的岗位工作了三年之后,他和志同道合的朋友一起开办了一家全新业务的公司,并获得风险投资的青睐,他扎实的财务功底让他游刃有余地为自己的公司进行资本运作。Sean 一直感恩于在过去近 20 年中得到的贵人相助,他的成功表明,成功的跳槽是事业走上新的高度的开始。

关于跳槽那点事

- 跳槽一定要往高处走,以自己发展空间的大小为目标。

- 在同一公司工作 3～5 年之后最容易萌生跳槽的念头。

- 最好不要裸辞。骑驴找马的跳槽,性价比比较高。

- 在跳槽还没有尘埃落定的时候,最好不要让现在的公司知道。

- 想好了再跳,跳好了不能再左右摇摆。

- 不要仅仅为了所谓诱惑的待遇而跳槽,有时待遇也是一个陷阱。

• 在起跳前尽可能利用身边的关系和网络了解新公司新行业的特点。

• 如果在跳槽的最后一刻反悔了,也要和猎头公司做好沟通,为自己以后留好后路。

• 对那些推荐自己的猎头,恩师,朋友表示感谢。

• 跳槽的过程有可能是漫长的等待过程,要有耐心。

• 尝试一个小技巧,当用人单位迟迟没有回复的时候,可以通过猎头或第三方介绍暗示用人单位,你拿到了另外一个 offer,这样有可能缩短用人单位考虑的时间。

• 在跳槽面试阶段,千万不要指责现有公司的管理或者上司,跳槽的理由只有一个,就是为了寻找更好的发展空间。

副职的艺术 🦋

担当副职是通往正职的一个门槛,但通常也是最经受考验的阶段。如果表现太过抢眼就会有抢功之嫌,反而容易被打入冷宫提早出局;如果表现平平言听计从,又会被误认为能力有限没有前途。所以身为副职,作为副手一定要艺术地工作,虽然不像走钢丝那么绝技在身,但也必须平衡而行。

巧为副职三大要领

要领一:甘心为人做绿叶

人要有自知之明,了解自己的短处和长处,可以早早地将职业发展规划得恰当而有成效。不是每个人都有领导和管理才能,有时甘心做副职,也是不错的选择。将自己的短处隐藏在上司的大翅膀底下,忠诚做上司的助手,前途未必会不好。Bessie 是个已有十多年工作经验的人,担任部门副经理的职位也有四五年的时间了,可她乐在其中,不仅与顶头上司关系好得像姐妹,而且总是在各种场合把仅比她大一岁的上司大肆褒奖,一副绿叶衬红花的景象。别以为 Bessie 是个没有能力的人,其实她自有她的道理:一是自己学历不高,再往上发展难免见短;二是自己把上司哄得好,自己权限也不少,该享受的好处一个也不少;三是因为有经理坐镇,自己的责任相对比较少,Bessie 对这样的日子很是满意。

要领二:等待黎明的到来

"不想当元帅的士兵不是好士兵"这句话曾激励了很多人,包括职场的精英们。但是副职通往正职的这条路也是艰辛的,更需要时间和耐心。所以收藏起野心,让骄人的战绩成为上司赏识的前提,并真诚与之成为战友,伺机等待黎明的到来。John 的能干在公司里有目共睹,可论资排辈的习惯让他很难有出头的机会,为公司创下显著业绩后也只被提拔做了分公司的副经理,总经理并不过问任何业务大事,他实际上掌控了所有核心业务,但在外人眼里 John 还是一个别人的棋子。与 John 同时进公司的人差不多都跳槽另谋高就了,只有 John 坚守着自己这一份天地。John 对公司的策略发展和管理都有自己独特的想法和见解,但他并没有让自己变得锋芒毕露,而是用良好的业绩让自己在公司里成为无人左右的"将军",并始终以赢得广泛群众基础和对手的尊敬而成为公司里挂着"副"字的核心人物。

要领三：心照不宣的齐心爬杆

　　身为副职，其实更多考验的是情商。如果可以与上司携手共享荣耀，放弃任何钩心斗角而抱拳合作坐享职场利益，或许也是绝佳的上策。William 与 Carlo 是一对上下级关系的伙伴，称其伙伴是因为他们毕业于同一所知名高校，多年来的知己知彼让他们在工作上配合得相当默契。他们在上市公司的几个分支机构中算是业绩相当好的一个团队，公司高层普遍看好 William，因而关于他有可能成为新生代领导人的传言也一直没有断过。Carlo 对 William 也保持绝对尊重，虽然他们平日里为师为友的关系让人们知道他们是绝对铁杆，但是其实 Carlo 与 William 早就有了一种共同的动力：水涨船高然后齐心爬杆。几年后他们的努力修成正果，William 成为了总公司的 CFO，而 Carlo 也众望所归成了美国分公司的总裁，这就叫做皆大欢喜。

挖掘潜力的 80 分主义

80 分主义不是中庸和平凡的代名词,也不是不求上进的新定义。职场 80 分主义,是让自己在有效优质完成自己的本职工作之外,还有机会发挥和挖掘自己的潜力,让自己全面发展,并寻找更多更大的发展空间实现公司与个人的双赢。

80 分主义六大特征

特征一:以目标为导向

这类人有明确的目标,而且坚定地朝着自己的目标努力,绝对不会人云亦云,或者半途而废。他们会选择简单有效和实际的方式实现目标,80 分主义者的首要任务就是明确目标,以完成任务而获得工作的满足感。

特征二：将复杂的事情简单化

这类人最擅长效率，所以他们不会大搞复杂的人际关系，而是专心工作，把最复杂的过程分割成简单的步骤，一步一步完成，并享受每一步的乐趣。

特征三：乐意分散压力

这类人不会把压力扛在肩上前行，他们更乐意分散压力，所以他们会和同伴合作寻求有效的帮助。他们工作起来的情绪是积极的，乐观的，用自己的情绪感染周围的人，80 分主义的宗旨就是时刻引导自己不受压力的影响。

特征四：懂得自我激励和赞美

这类人不是攀比主义者，他们不擅长和别人做无谓的比较，他们只和自己竞争，为自己设定可行的目标，所以他们时刻处于自我激励之中，并对自己的成绩加以褒奖。

特征五：适当展示自己的特长

这类人一定不是只会工作的工作狂，他们有自己的特长，有合适机会就会秀出来。

特征六：职场退进自如

这类人不以简单的进取为手段，他们懂得在进退之间选择和把握，当机会来临的时候他们会义无反顾地向前走，当困境和挫折需要更多的时间去解决时他们会以小步的退让保全自己的最佳实力。

　　在职场80分主义的人通常比其他人更容易挖掘自己的潜力，原因就是他们可以用另外的20分探索新的领域，学习新的知识，更多的完善自己，从而有更多的机会去发现和发挥自己的兴趣爱好和潜能。按照人类的心理学原理，每一个人其实都有隐藏的潜力，这就是为什么有些机会来临的时候，那些并不被人看好的人却突然迸发了极大的能量，让众人刮目相看。这里为大家分享两个职场小故事。

80分主义职场故事

故事一：用潜力成功转型

　　Joe本来是学英文专业的，从来也没有想过自己会爱上人事工作，她先前一直是总经理秘书，工作勤勤恳恳全心投入，多次放弃自己宝贵的休息时间，也影响了自己的感情生活，为此有一段时间她陷入了职场的低潮期，一直担忧自己的未来，同时也抱怨自己的工作压力，后来她的上司建议她外出培训一段时间再来决定未来的职场之路。没有了加班加点的生活，Joe变得比以往任何时候都轻松，她的培训课程是一个月，但就在这一个月内她发现自己原来除了做老板秘书，还可以做更多自己喜欢的事，她的小宇宙爆发了。培训归来她和上司进行了一次深谈，她愿意继续留在总经理秘书的岗位上,同时她也会花点时间做研究员工福利的工作,上司很高兴看到 Joe 的自我认识和自我成长,并许诺她如果半年后她可以做出有效的成绩,可以推荐她担任人事福利的经理职位。Joe 开始研究中国的法律,并且利用下班时间和很多同行交流,她减少了在办公室加班的时间,却得到了很多行业的专业知识,爱学习爱总结的她还把收集到的资料挂在了内部的网络上,供大家学习和参考。另外,每天的午餐时间她也加入大家的交谈,她希望自己不仅仅只是一个总经理秘书,希望凭借自己对公司文化和员工的了解,在上下级之间起到一个桥梁作用。几个月过后,大家欣喜地发现 Joe 不再是那个紧锁眉头、认真严肃、只知低头做事的总经理秘书了,而成了同事们的好帮手,她愿意尽自己的可能传递员工的心声,并对公司专门制订的政策和法规提出自己的建议。半年后 Joe 如愿以偿成为了人事福利的经理,这可是她以前从没有想过的职业发展规划,因为她此前一直深陷秘书的工作,从来不知道自己在人事工作上还有如此的潜能,在这半年中,她不仅用最短的时间完成秘书的工作,还帮助培训年轻的实习生们,当然她也有了时间和空间去提升自己。Joe 上任新职位第一天就告诉所有的同事:尽自己的本分做好工作,但也尽一切可能发挥自己的潜力,这才是对公司最好的贡献。

故事二:不求升职只为爱好

　　Nancy 在市场调研公司任职达十年之久,认识 Nancy 的人都

第四篇　好马回头不为草

259

认为她是一个工作认真负责的人,但也很奇怪那么多年来她一直安心做着自己的那份工作,既没有抱负要升职,也没有理想自己创业,那些不了解她的人还以为她是一个安于现状的人,其实 Nancy 在业余时间考出了心理咨询师证书,也花了很多时间研究心理学,这样既可以为市场调研的工作提供广阔的知识面,同时也有机会了解、分析和研究人不同的心理和行为。她开诚布公地和公司管理层沟通,表示一定会认真做好公司交给的任务,但不想因为升职而放弃基础工作转向管理工作,原因是她喜欢做基础的工作,这样她也可以有更多的时间研究和实战心理咨询,她诚恳的态度得到了公司的认可,天下哪个老板不喜欢员工安心基础工作的呢,更何况 Nancy 还是一个有经验又踏实的好员工。当周围的同事们一个个加薪并成为经理或者总监之后,Nancy 却越来越稳当地成为业务核心和骨干,那些经理们总监们没有一个可以离得开 Nancy 的帮助,所以就此而论 Nancy 还有很有工作成就感的。而且 Nancy 的心理咨询工作也得到了很多人的认同,她主动去做义工,辅导那些有需要心理辅导的青少年,并从辅导工作中得到很多启示和灵感,如今 Nancy 公司的客户中有很多都在从事青少年用品的生产和推广,他们一致认定 Nancy 的社会知识和心理咨询实践为他们公司的市场调研起到了增值和加分的作用,所以很多项目都直接点名要 Nancy 加盟,Nancy 也为自己的 80 分主义找到了欣慰的理由。

职场 80 分主义的四大趋势

趋势一:越来越多的公司愿意鼓励员工将本职工作做到 80 分,以优良为前提,而不是刻意追求圆满,以鼓励员工发挥自己更大更多的潜能,从而有机会为公司创造更多的价值。很多公司提供了培训和 E-learning 机会,甚至是跨部门跨行业的学习,以满足员工的多重职业发展需求。

趋势二:越来越多企业在寻找专业化程度高的员工的同时,也希望可以看到员工的其他软性技能,这些技能未必是直接有效地针对目前的工作,但却是满足员工身心健康发展的需求,包括平衡职场和家庭的能力,工作和生活的能力,以及提升专业的能力。

趋势三:80 分主义的员工在职场越来越受到欢迎,他们既可以是一个高效的工作者,同时又不是一个激进的完美主义者,所以更容易和上司下属沟通和相处。他们拥有更多的空间去培养和发挥自己的能力特长,并由此受到好评。

趋势四:公司和员工对 80 分主义的理解达成越来越多的一致性,并成为公司评估员工工作成就和职场行为的一种可接受的指标,由此也鼓励了员工大胆地表明自己的 80 分心愿。

关于 80 分主义的三问

• 第一问:我是一个切合实际的 80 分主义,但我的下属却不愿意只有 80 分,他一直努力要做到 120 分,怎么办?

规划职场是需要分阶段的,对于初来乍到的新人,他要表现120分也是情有可原的,作为上司你可以鼓励他以最高的标准要求自己,但你给他设定的短期目标却是能够完成的,并且在每一次达标80分的时候给予充分的表扬和支持,这样让他享受拥有80分的乐趣,当然也要鼓励他不断地全面完善自己,不能只做低情商的专业人士。

- 第二问:我也想成为80分主义,但我总是不能原谅自己工作上的任何差错,以至于让自己身陷紧张之中,怎么办?

职场的紧张感很大部分原因来自自己的能力有缺陷,或者时间管理不好,还有就是无谓的高标准,如果你认定自己能力尚可,工作又讲究实效,那么不妨让自己的工作环境充满乐趣,而不是所有的满足感仅仅来自工作上的完美主义和上司们的口头或者书面的赞同。

- 第三问:我就是一个乐观通达的80分主义,在原来公司很受欢迎,最近要跳槽了,我可以和我的新同事分享我的80分经验吗?

在没有认清公司文化之前,请不要大张旗鼓地去标榜自己的80分主义,察言观色并坚持自己的职场行为,不久你就可能在新环境中自如地做一个80分主义者。或许是他们影响你,也或许是你影响他们。

外来和尚念好经

　　或许我们刚走出校园踏入社会，找到人生的第一份职业；或许我们经过了职场的熏陶开始有目的地选择并跳槽，在整个职业生涯中所有人难免都从一名"新"兵做起。无论是高薪挖墙的空降兵，还是未脱稚气的娃娃兵，甚至是踌躇满志的奋青兵，相对于那些办公室的元老们而言，新兵面临的挑战就是如何像外来和尚一样在新的寺庙里念好经。而新兵的攻心术就成了绝对制胜的核心法宝。

新兵制胜三大功心术

攻心术一：将尊重进行到底

　　尊重是人与人之间的黏合剂。尊重无关乎年龄、性别和职位的高低,一个有修养的人首先体现在尊重他人,尊重他人的意见、行为和劳动成果。办公室的老员工可能从来没有过骄人的工作业绩,但这不影响你对他的尊重。尊重体现在语言上,行动上,文字上,甚至是表情和肢体语言,人类的敏感性足以识别你任何的一个微小举动中所透露出来的藐视或者不屑。所以尊重也绝不是夹着尾巴做人那么简单,它必须是发自内心的,真诚的。曾有公司来了新总经理,他所做的第一件事是召集所有员工到会议室,让他们按照进公司的年份进行排队,然后他站到了队伍的最后一个,并向所有人鞠躬:你们都是我的老师,请多指教。会议室里响起了经久不息的掌声,新总经理用尊重开启了一道本来可能有隔阂的大门,同时所有人也用尊重回报了这个外来和尚。

攻心术二:放我的真心在你的手心

　　新人乍到通常会做摸底工作,因为只有了解过去,才能开始现在并坐拥未来。然而这种摸底必须是非常有技巧的,否则有可能弄巧成拙。如果你只是一介职员,你首先要选择办公室里和你身份、地位学历差不多的人,因为这样的人容易和你有共同语言,可以选择午餐和下班同路的机会向他请教。"我刚来很多地方不懂,你觉得有什么地方要提醒我?"其次你可以选择和你日常工作紧密接触的异性,因为你的求助式摸底容易博得他的好感。"学长,现在我的业务指标很高压力很大,你们过去有什么窍门完成啊?"第三你可以向办公室的阿姨讨教,千万别小看阿姨的作用,只要讨得阿姨喜欢,她可以向你娓娓道来陈年旧事,从上任老板的离职到公司最近谁要升职,小到经理们的喝茶习惯,大到公司谁的奖金最高,但要切记你只有听的份,千万不要做任何评论。最后一定不能忘记感谢阿姨的指点。当然如果你是职位相对较高的新人,只要先找准一两个核心位置的同事谈心就可以了,越是真心越是能打探到有价值的消息。尽量不要在工作时间摸底,你可以发出邀请一起共进晚餐或者周末去咖啡馆小聚,营造出私人化的交谈氛围。

攻心术三:放大优势微缩劣势

办公室最招人嫌的就是用放大镜看别人的缺点,不宽容不包容也就不从容了。作为一名新职员,要用一双欣赏的眼睛去看周围的同事,也要学会发现他们身上的闪光点,如果还能适当地赞美那就更好不过了。公司和公司的文化不同,人和人的个性不同,千万不能用自己的标准衡量一切。用欣赏的眼光看待周围的新同事,会更快融入新环境。

为马拉松加油

有一年我去了芝加哥，正好遇上了国际马拉松比赛，这也是我第一次亲身感受马拉松的魅力。芝加哥整个城市为此热闹和沸腾，从出发的广场到马拉松比赛的路途，到处是充满着热情活力的人们，认识和不认识的人们互相鼓励互相帮助，全然没有比赛的激烈，更多的是浓浓的人情。一场马拉松比赛为芝加哥城市带来了金色的光芒，那些常年在金融公司、高科技公司工作的专业人士纷纷组队参加比赛，没有了所谓的 K 线图，年度报表，上市计划，收购合并，搜索引擎，他们为自己加油为同伴加油也为对手加油。移民芝加哥多年的朋友自豪地告诉我，马拉松比赛的魅力不仅仅是跑步，而是我们从马拉松长跑中学到了对生活和事业的领悟。

从芝加哥回到上海，我一直难忘马拉松比赛的壮观。从芝加哥专业人士爱上马拉松,到我们中绝大多数的人用一生最宝贵的30~40年花在了职业生涯上,让我不得不有这样的联想,职场生涯何尝不是一场经受考验挑战个人极限的马拉松比赛呢。让我们来听听那些有国外留学背景常常自己出钱报名参加马拉松比赛的海归们的心声吧:

"工作会出现低谷,会遭遇失败,但我对自己说坚持坚持再坚持,没有达到目的之前,绝对没有输赢。而每一次马拉松的比赛都变成了我锻炼自己的绝好机会。"

"工作强度越来越大,竞争越来越激烈,我要学会调整节奏调整目标,我需要不停地鼓励自己不轻言放弃。所以我用参加马拉松比赛让自己感受坚持的魅力。"

"我一直是一个优秀的学生,拿了最高的奖学金,在最好的投行工作,但我面对别人的超越不能释怀,甚至一度忧郁。而参加了马拉松比赛之后我懂得了职场的游戏规则,超越和被超越都是正常过程中的一部分。"

"职场发展的每一个阶段需要不同的策略和技能,甚至是保持的速度都有讲究,以前我只知道往前冲。但有幸参加了马拉松比赛之后我幡然醒悟,用力过猛是对自己是一种伤害。"

如果将30年的职场生活视作一场马拉松的话,那么职场马拉松又具有怎样的特征呢? 职场马拉松是人生重要的阶段,它需要参与者拥有明确的目标,强大的自信心,以及最基本的体能和技能。健康是职场马拉松最基本的体能,而专业知识就是所谓的技能。此外还需要参与者拥有一定的承受力，在职场生涯中面对困惑，疲惫，慵懒，失败时很好调试自己的情绪和心态，甚至在遭遇暗算、排挤和雪藏也需要所表现出冷静、克制和包容。职场马拉松离不开参与者的持久关注和持之以恒，急于求成或者投机取巧未必会获得成功，因为漫漫长路考验的是意志力和坚持的品质。有了对职场马拉松的深刻领悟，不难发现要跑好职场的马拉松就必须具备以下七个要素。

跑好职场马拉松七大要素

要素一：保持健康，拥有体力和能量

职场的奋斗是以健康为首要条件的，没有健康一切目标都免谈。所以要拥有健康并保持健康，用健康换成功只能是短期行为，爱惜生命、保持充沛的体力，并让自己的活力不随年龄的增长而减少，这样才有机会将自己的能量发挥出来，完成整个职场生涯的长跑计划。

关键词：健康

要素二：坚持梦想，锁定胜利的目标

跨入职场的第一天就必须树立自己的职场目标，目标越清晰的人成功的概率就越大。无论在顺境还是在逆境中，都要坚定这样的信念，并坚持不懈地付出努力。一个求胜心不强的人，就可能在半途中被淘汰或者出局。

关键词：梦想

要素三：接受超越和被超越的过程

在职场发展中，我们可以超越自己，超越旁人，但同时我们也会面临被超越，这是一个不争的事实。只有接受超越和被超越的现实，才能对自己有一个正确的认识。不同阶段不同时间不同空间，我们设定的目标和方向会有不同，自我心理的调适是将职场马拉松进行到底的关键。健康的心理和健康的体魄同等重要。

关键词：超越

要素四：拥有自己的协力同伴

在马拉松比赛中选手们会得到很多人的支持，有的是来自路人的鼓励，有的是主办者召集的支援者，还有的是家人的喝彩，甚至是同一团队队员比如领跑员等的支持。在职场中拥有协力伙伴是取得成功的关键所在，因为我们不是一个人在战斗，协力伙伴可能是上司，可能是下属，也可能是客户，而获得这种协同力的关键在于自己真诚的付出和出色能力的表现。

关键词：协力

要素五：自我鼓励，不言放弃

身处30年的职场之路一定会遭遇各种状况甚至是变故，任何一点的退却和逃避，都可能造成无法挽回的损失。所以在职场的马拉松征途中，一定要学会自我鼓舞，自我激励，自我肯定。在失落和逆境中依然能保持顽强的斗志，这才有可能成为最后的胜利者。毅力和恒心是决胜职场的重要法宝。

关键词:鼓励

要素六:适时调整自己的节奏

在职场生涯中,我们的身体和心理状况都会发生不同的变化,所以我们不能强求自己用单一的方法去面对这场马拉松,我们要学会适时调整自己的节奏,让自己能够适应不同的环境,并发挥最佳的状态。

关键词:调整

要素七:寻找突破的时机

职场的马拉松讲究突破的时机,机会只等待有准备的人。在机会未到的时候,耐心就变得尤为重要。特别是对年轻的上班族而言,踏上工作岗位不久不免会心生急躁,但这只是马拉松比赛的开始阶段,千万不能操之过急,否则丢掉的就是信心,要耐心等待职场的突破口。

关键词:突破

职场马拉松故事:我把青春献给了它

Whitney 入行的时候只有 24 岁,那时她刚刚从大学毕业两年,并不了解人事服务的内涵,仅凭着自己的爱好,因为她喜欢和人打交道,更乐意用自己的知识为更多有需要的人服务。就这样她从一个人事助理一直做到如今的人事外包服务公司总经理,经历了整整 21 年。在这 21 年中她从一个初出茅庐的小姑娘变成了一个具有专业风范的职业经理人,带领的团队人数超过 400 人,服务的客户数也超过了 10 多万。

对于现在取得的成绩,Whitney 非常感慨地表示,她必须感谢曾经手把手教她的师傅,感谢提供了职场发展空间的上司,也感谢和她一起努力见证公司发展历程的同事,同时她也感谢那些支持她帮助她信任她的客户们。而让她最为深切体会的就是——自己对自己的超越,为了更新和优化知识她在过去数十年间不停地参加各种培训班,结交更多的同行和知己,她也和那些挑战她的权威的年轻人一起工作,既做他们职业的训练师,也从他们身上学习最新的生活观念,她还多次调整自己的职业目标和生活目标,虽然她不曾想到有天自己会成为总经理,但她一直想做一个承担更多责任的人。Whitney 说她把青春献给了自己喜欢的事业,但她职场的马拉松还在继续,因为她还要努力,她离目标还有一定的距离,她要和竞争对手较量,也要和自己赛跑。

Whitney 这样形容她的职场马拉松:"选择入行的时候,我从马拉松的起点开始出发,这是一个需要付出努力而又漫长的过程,但在途中我不停调适着自己的状态,我以我拥有的职业目标为荣。我极其享受职场马拉松的全过程,因为很多人帮助了我,我体会到幸福和成功的滋味。"

寻找适合攀登的阶梯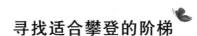

　　当我落笔的时候，接到了我同事 Leo 的告别信，这是他在公司的最后一天，而且是带着满身的伤痕而走。五年前的 Leo 是一个非常有才华有灵气的财经记者，加入公司后成为了新闻代言人，工作干得有声有色。两年前因为他的突出工作表现被提名为全球企业形象总监。不料在兴奋之余压力接踵而来，全球业务的职责要求他基本上每天工作 18 个小时以上，而且需要和不同的地区不同的业务部门沟通协作，上司的高标准和下属的不配合让他身心疲惫，终于有一天他患上了严重的忧郁症，他渴望职场的攀升却无力掌控现状，他无法抵御压力更无法胜任高位，但又不愿轻易放弃认输，Leo 就此重病不起，最后无奈告别本职工作。我至今还记得昔日的他神采飞扬的模样，而此时油然而生的只有"可惜"二字。

Leo 的故事，让我联想到著名的彼得原理。彼得原理是美国学者劳伦斯·彼得在对组织中人员晋升的相关现象研究后得出的一个结论。他指出，在各种组织中，由于习惯于对在某个等级上称职的人员进行晋升提拔，因而雇员总是趋向于被晋升到其不称职的地位。彼得原理有时也被称为"向上爬"理论。这种现象在现实生活中无处不在：一名称职的员工被提升为主管后无法胜任，一如我熟悉的 Leo，他是一个非常优秀的财经观察家和写手，但他却无法成为优秀的财经行业传讯总监，虽然与财经业务的本质有相同之处，但职责却有着天壤之别。前者是个人专业能量的体现，而后者却是管理的技能。我想 Leo 没有两年前的爬梯，或许此时他正悠然自得地写着他的大作，让财经界的大佬们好好拜读一下他的中立和客观的立场。

自小我们都受过类似的教育，要寻找成功的阶梯并努力攀登和爬升，但我们可能未必清楚阶梯之上的世界是否和自己想象的一样精彩，或者自己能否胜任那样的职位和生活。无论是主动的攀升还是被动的拉升，我们都必须清醒地面对自己的能力、爱好和作为，否则这样的阶梯有可能不是通向天堂而是通向地狱。如何少走弯路寻找到适合自己攀登的阶梯呢？这里有五种建议值得参考。

攀登职场阶梯五大建议

建议一：为满足现状找一个理由

如果我们享受当下的工作并从中获得满足感，就没有必要为了爬升而放弃这种满足感，满足现状不等同于所谓的不求上进。Ray 在一家知名的美国网络技术公司工作，业务相对对口，而且工作环境轻松自在，同事相处简单融洽，而且 Ray 还持有公司的美国股票，所以她从没有想过因为要得到一个更高的职位而放弃当下的职场幸福感，她的满足源自一个平静的心态。工作了 10 年的她依然没有任何失落感，她为自己找到了满足现状的理由。Ray 的多年收获就是在网络技术领域变得越来越专业，她为自己是一个与时俱进的专业人士而骄傲。

攀登阶梯：与时俱进更新知识

建议二：走自己的路让别人去说吧

我们在职场渴望攀升，有时未必是自己真实的想法，旁人的比较法则更容易让自己迷失，特别是老同学老同事的近况都会使自己产生许多触动。Joanne 一直是中学高年级班主任，虽然工作辛苦但却很有成就感，特别是还有一年两次的假期。但是最近大学同学的聚会让她有点动摇，因为昔日的老同学有的从政当了教育局局长，有的从商成为教育辅导材料的出版商，还有的当上了学校领导。但经过深思熟虑 Joanne 很清晰地看到了自己的缺陷，希望做"宅女"的她,不喜欢抛头露面,那些看似风光的位置可能会让她力不从心,所以她犹豫之后决定走自己的路。如今她为自己是一个高级教师而骄傲,并享受着这种职业的成就感。

攀登阶梯:安心工作享受生活

建议三:不把阶梯升云顶

我们需要规划自己的职业生涯,但没有必要使自己成长的阶梯建在云顶上,一步一个脚印或许更容易让自己的成长变得有价值。Flora刚开始进入这家民营企业时,就给自己定下明确的目标,第一年争取在不同部门轮岗,第二年开始扎根一个自己专业学识对口的部门,第五年争取成为这个部门的领导,她对自己说即使没有成功也可以通过相应的积累,而跳槽去其他公司成为一个熟悉民营企业运作的管理者。正因如此Flora没有任何急躁的情绪,甚至在公司面临困难的时候,她都挺了下来。五年后她成功变身这个核心部门的管理者,随后她又开始规划起下一个五年计划。

攀登阶梯:明确目标计划前进

建议四:拒绝风险过大的升迁

在公司的组织结构中,总是从下面的人员中挑选相对合适的人来补充由晋升、辞职、退休和解雇带来的空缺,但有时这种"挑选"明显带着企业的功利主义,未必有益于员工的自身发展。我的同事Leo就是因为有其他员工的跳槽,在急需人手的情况下被公司升迁。而他没有拒绝这种风险过大的升迁,于是有一天他倒在攀登的路途中。面对公司抛出的橄榄枝,不是每一个人都会懂得拒绝,很多人不会考虑自己的短处,更愿意挑战一下自己的极限,结果导致了后来的失败。能拒绝风险过大的升迁,其实是一个明智的选择。

攀登阶梯:合理选择拒绝风险

建议五:条条道路通罗马

在职场打拼,我们很容易为了所谓的成功而陷入不必要的误区。一路高升的职场之路未必适合每一个人,而能够在不同的领域发挥作用或者在同一领域做到最好,未必不是一种成功的标记。Grace 是一个人事经理,从单一的招聘业务一直延伸到人事管理的方方面面,虽然工作名称没有多大改变,但实际上她经验的累积足以胜任任何一个人事经理的职位。但她并没有为了一个猎头公司抛出的人事总监职位而匆忙跳槽,相反她告诉自己条条大道通罗马,当她在人事管理的岗位上更加游刃有余的时候,她还想尝试以人事为主体方向的公司营运工作,这成了她未来五年的职业目标。

攀登阶梯:积累经验尝试拓展

合理攀登十贴士

人人都有自己职场发展的阶梯,面对计划和机遇我们又该如何合理攀登呢?

贴士一：了解自己。就是分析自己的强项和弱项，确定自己的步伐。

贴士二：预知潜力。了解自己的潜能，将其发扬光大。

贴士三：跨越障碍。有些障碍是人为造成的，所以要好好梳理思路找出障碍，并勇敢跨越。

贴士四：自我激励。职场的发展离不开自我激励，在最困难的时候给自己信心和勇气。

贴士五：寻找榜样。发现身边的职场好榜样，借鉴他们成功的故事。

贴士六：勇于调整。允许自己犯错误，但必须及时更正，使自己有回头的机会。

贴士七：协助同伴。别以为职场发展是一个人的事，当你协助同伴的时候，你也能得到同伴的帮助甚至关键时刻的点拨。

贴士八：鼓励团队。无论是晋升还是"维持现状"，都要鼓励团队有职场梦想，将自己个人的价值和企业的价值相融合。

贴士九：适度悦己。别把简单的晋升看成职场的全部成功，别忘了即使在繁忙的职场上也要时刻拥有调节自我的能力。

贴士十：享受成功。我们有权利享受每一步成功的喜悦，而非终极目标的完成。从这个角度而言，我们不会无休止地"往上爬"。

职场专家点评

彼得原理已经得到职场很多真实事例的检验。我们鼓励员工拥有职场梦想,并寻找适合自己攀登的阶梯前进。但是职场之中不合理的晋升也早已是一个普遍现象,它造成了很多人才的流失和个人职业梦想的毁灭,造成这样的情况可能是员工过于激进的表现欲和职场目标的不确定,甚至是受到外界不必要的影响。同时也可能是有些企业急于发展,在人才储备尚不充分的时候贸然提升员工而导致拔苗助长的结果。彼得原理让我们可以清醒地看到,只有清晰的职场规划和脚踏实地的攀升行动,才能让职场梦想一步步实现。做自己喜欢的,做自己能够胜任的,做自己规划的,做让自己获得真正满足感的工作是一种幸福。请记住职场的阶梯不仅仅是攀升晋职的阶梯,更是自己成长的阶梯。

狙击挫败

在职场沉浮，遭遇打击是常事，在打击下无论是自尊心、战斗力还是忠诚度难免会受到各种挑战，在这种情况下，最为困难的是如何勇敢地应对职场挫败，有备而来总比消极抵御要来得有意义。用心狙击挫败是一种情商。

狙击挫败四大高招

高招一：不要过度依赖绝对变数的关系

许多人进公司工作后，发现与上司关系良好就可以给自己工作带来诸多便利，就以为找到了保护伞，吃了定心丸。其实任何上司的诺言都可能会是一个远期支票，要兑现很可能会有许多额外条件。刚进这家中央直属公司上海分公司的第一天,宝尼就被老板叫到了办公室面授公司长远发展大计,老板为宝尼未来在公司的事业发展描绘了一幅蓝图。这一切自然让宝尼充满了感激之情并化为无限的战斗力。后来老板还不时承诺争取几年后让宝尼成为公司最年轻的副总。被老板的滚烫直言所鼓舞的宝尼,更加专注地投入工作并放弃了其他发展机会。可是最近公司却任命了一个新人担任了本来属于宝尼的副总位置。新人是大老板的关系户,为了保全自己的前程,老板放了宝尼的"飞机"。宝尼的郁闷心情可想而知。如果宝尼牢记人际关系绝对是个变数,就不会产生太多过分依赖老板而带来的挫折感,不过回头是岸,此时的宝尼要么重起炉灶,要么蓄势待发。

高招二:不要心理上过分排斥他人

与不同"派别"的人工作是一种乐趣,因为可以互相交流不同的经验和分享不同的文化,从心理上排斥与自己不同路数的人,只会增加摩擦,因为有色眼镜一开始就让工作的态度发生了变化。Jay 在外资银行市场部工作已有 8 年,暂不说她以前在知名广告公司的经验,称她是个市场部的专业人士一点不为过。可是最近公司招来一名自称是消费品市场高手的员工。但几个月工作下来,Jay 发现他其实是个金融行业的外行,他的思维总是停留在以前的行当里,Jay 觉得与这样的人相处是一种痛苦。其实 Jay 不应该忘记"存在就有它的道理"这个名言,或许对同事的某种精彩之处尚未发现，或许他们的不专业也让自己有更多的提升空间，换一个角度思考结果就会不同。

高招三：不要过度犹豫和谨慎

在工作面临职位变动时，过分谨慎过分按常理出牌，反而失去了最佳的出击时间，让自己陷于被动。遭遇工作困惑的解决办法是找出困惑的源头，想办法阻击它的蔓延。一味犹豫和等待的人，只会面临新的挫折。生性活泼善良的 Penny 在公司改组后成了夹在当中的三明治肉馅。Penny 在工作上要汇报给她的新上司——统管公司 4 大业务部门的副总裁，而她手下并进了 4 个团队共 15 个员工。新上司万事喜欢自己张罗，甚至越过 Penny 对她手下的员工直接分配工作，而手下 15 个员工的工作能力和工作态度颇有差别，Penny 原本希望自己慢慢理顺工作关系后才对手下员工进行必要调整，而新上司的直接插手让她一时无从下手，因为在调整期，各方面环节还不是很顺畅，不免影响到了公司业务，上司以此怀疑她的能力，下属也用业绩下滑为借口挑战她的权威，上司甚至把所有她手下员工的问题都归罪于她的软弱。Penny 突然遭遇了前所未有的信誉危机。Penny 无疑需要立刻行动让周围的人认识到自己的能力，凭自己的价值说话，做一个上司和下属都依赖的人。

高招四：不要过分后悔

这是一个迅速变化的世界，能力、学识和经验需要不断累积，所有过去的成绩都会随着时间的流逝而消磨，面临职场变数，重要的是积极把握当下，而不是一味后悔。Robert 是西方会计学的硕士生，原本以为自己是猎头公司最有价值的猎物，去了新公司后一定会大有作为，结果进了新公司才发现，他只是人事斗争的一个工具。Robert 很后悔离开了自己共同参与组建的公司，本以为自己专业知识丰富，社会经验老到，没有什么过不了的坎。可现在拿着高薪稍不留神就会有丢掉工作的危险。Robert 为此一蹶不振，老公司回不去，新公司干不了，自己的价值一下子掉了下来。其实Robert 现在就不要只顾后悔了，应该把现在的困境当做学习的课堂。

软实力锦上添花

软实力的概念是由哈佛大学肯尼迪政治学院院长约瑟夫·奈教授在 20 世纪 80 年代末提出来的。按照他的观点，一个国家的综合国力既包括由经济、科技、军事实力等表现出来的"硬实力"，也包括以文化、意识形态吸引力体现出来的"软实力"。

国际政治术语如今也延伸到职场。毫无疑问学历和资历曾是职场入门和提升的先决条件，但如今软实力却成了考核职场人的一把新标尺。如果说学历资历这些可以称作外部条件的硬实力的话，那么软实力就是地地道道的代表内在条件的软功夫。职场软实力确切地可以解读为职场人应该拥有的文化修养，处事方法，文体才能和个人风采。软实力可以让职场人除了有应对工作的基本能力外，还以自己正面形象，高尚情操，良好表达力、亲和力以及多才多艺而成为职场受欢迎的人，为自己的职场发展锦上添花。

孟子说过："以力服人者，非心服也；以德服人者，中心悦而诚服也。"职场软实力的首要条件就是注重个人品德和修养。一个有高尚品德懂得自律善于关怀他人的人，一定是能以德服人的。记得某知名国际公司在招聘新员工时，有意设置了一道情境题，即在员工走进办公大门时，在地上横放了一排倒下的资料，如果前来应聘的人能主动拾起地上的资料，而不是漠然跨过去，就已经赢得了考试的第一关。从这个小小的考验中，不难发现职场人无论自身条件有多好，但品德差强人意的话，还是得不到企业的认同。诚实、正直、公正、和善和宽容，对其他人的生活、工作表示关心已成为考核员工的主要内容之一。职场软实力还讲究必要的礼仪，比如对上司对同事的充分尊重，与异己者的良性互动，以及在逆境中依然保持一份平和的心，并懂得感谢那些帮助过自己的人。

职场软实力还包括出色的表达能力。好的表达能力有助于事业的进步，找工作面试时，有良好语言表达能力的人，可能在短短几分钟内就被录取；面对客户进行推销时，激情四溢者更有可以提高销售业绩；主管级人物代表公司对外演讲或进行内部会议时，具备说服他人的表达能力可以扩大影响力。现代职场工作节奏越来越快，面对面的交流比书写电邮文件更快速直接。一个职场人在培养自己的软实力时，一定要让自己具备"演说的能力"。连前苹果公司总裁乔布斯在每年的重点演说前，都会花至少是平时 10 倍的时间来准备。由此可见表达能力在职场中的重要性。

职场软实力还包括个人的文体才能。现在的公司文化也在走多元化之路，为了体现公司的价值，常会举行一些和凝聚力有关的活动，比如公司的年会，员工的 outing 和日常的体育竞技比赛等。如果一个员工对文体活动不感兴趣，也没有任何这方面的才能，就会显得落单和不合群。积极参与公司的集体活动，既能把自己除了工作以外的能力表现出来，同时又能融洽同事关系，甚至加强了团队合作。文体才能是职场软实力的一部分，它可以为员工创造多种机会。能成为公司的体育明星、文艺明星，代表公司出去比赛、和客户联谊，是员工莫大的荣耀，对公司的发展也有极大的帮助。

最后别忘了时尚潮流感，这也是职场软实力的组成部分。美国现任第一夫人米歇尔就以她个人的潮流品味而赢得众人的好感。有时尚潮流感的职场人会给周围环境带来美感，同时起到引领众人的作用。得体知性优雅的打扮和妆容已成为职场女性美好形象的代名词，并为自己赢得相应的亲和力。任何公司未必会以貌取人，但懂得修饰让形象趋于完美，无疑能给公司形象加分。如果还能对时尚潮流有一定的认知，这份好奇心同样会给公司的其他业务带来帮助。个人风采是软实力，也是企业风采的核心部分。

软实力可以助事业更上一个台阶，已成为不争的事实。这里分享几个发生在身边的锦上添花的小故事。

软实力职场故事

故事一:小才艺显天赋

办公室里纯粹的办公技能比拼早已落伍,电脑外语都变成了最基本要求,拥有一点别人没有的才艺,在合适的时机合适的场合表露一下,可以取得甚好的效果,远比埋头苦干若干年要增添光彩。Wendy出身书香人家,从小练得一手好书法,但自从大学毕业进了一家外资企业后,连写字的机会都不多,更不要说有机会秀书法了。如果不是一次突发事件,Wendy一定还是人事部里最默默无闻的人。那天公司总部来了个负责政府宣传的新闻官,他在晚宴上欣然给中国相关政府的领导题词,领导的秘书请Wendy的老板找人翻译这段德文,最好把中文用楷书写在留言簿上,老板有点为难,第二天让办公室同事想办法。Wendy小心翼翼地提议自己可以一试,在众人一片疑惑的目光下,Wendy从容自信地完成了优美的翻译和书写,让现场的人啧啧称赞。在众人的询问下,Wendy才小声说出了自己的辉煌"战绩"——曾获得全国书法比赛一等奖,师从名家逾十年。从那以后,Wendy成了同事们眼中的才女,企业推广部的主管还极力要求内部"挖角",Wendy因为书法才艺,成了公司一道靓丽的风景线。

故事二:用运动重塑自己

从小爱好的一项体育活动或许有一天在需要的时候会变成增

加自己价值的砝码。Linda 在一家美国公司上班,对 Linda 这个涉世不深的女孩而言,是很难掌握尺度让自己"脱颖而出"的。结果一次意外的 outing,让 Linda 用自己的体育才能"征服"了上上下下。那次公司在海边举行年会,为了培养团队精神,公司组织了沙滩排球运动,结果平时那些大腹便便的老总们在排球场上只有躲球的份。而 Linda 这个只有 1.64 米的中国女孩,不时在场上飞奔接球,成了整个团队的灵魂,每一次对方开球,所有的人都高叫着:"Linda! Linda! Linda!",那一刻 Linda 仿佛成了"英雄",因为整个团队的胜利都押在她的身上。沙滩排球比赛结束了,Linda 成了公司的明星人物,连中国区的总经理都翘起拇指:我们的员工能文能武,一个顶三。Linda 只是在该出手的时候出手了,不料意外走红公司。

故事三:不喝酒只吟诗

在职场生活中,应酬也是其中一部分。如果不是酒业公司,会不会喝酒或许不是考核的一部分,所以即使不会也无伤大雅。但是如果具备不喝酒只吟诗的才艺,或许比任何只会喝酒的人来得更有魅力。Suzzna 第一次和上司一起去广东番禺出差,他们要见的是一个出口加工企业商会的主席,Suzzna 的公司有意和他合作,但公司同事都感觉此人心气颇高不易接近。于是上司带了四五个团队成员一同前往做说客,途中上司对 Suzzna 的不胜酒量颇有意见,并开导她以后要多操练,Suzzna 只能往肚里咽苦水,因为她是一个高度酒精过敏的人。到了番禺，商会主席很慷慨宴请大家，但就是迟迟不对合作做出回复，Suzzna 的上司只有干着急的份了。三杯下肚，突然席间有点冷清，商会主席说起他想隐退的计划，说着说着他突然为大家吟起了唐诗："移舟泊烟渚／日暮客愁新／野旷天低树／江清月近人"，"自古逢秋悲寂寥／我言秋日胜春朝／晴空一鹤排云上／便引诗情到碧霄"。曾经爱好文学的 Suzzna 连忙接了上去："山明水净夜来霜／数树深红出浅黄／试上高楼清入骨／岂知春色嗾人狂。"商会主席大喜，马上连敬同座三杯酒。诗兴大发的他又连续吟诗，Suzzna 也选择自己熟悉的对了几首。如遇知己的商会主席对 Suzzna 的上司说，这样的女孩已经很少了，要好好栽培啊！可能是心情大好的原因，商会主席席间首肯了与他们的合作。而 Suzzna 也从此被上司委以重任，因为不喝酒只吟诗的女孩的确是稀有一绝。

Helen说，
在职场要像向日葵一样成长

转行转型更转运

事业遭遇瓶颈,对既有工作产生惰性,突发灵感想做点不同的事情,羡慕那些在其他行业做得风生水起的朋友,于是跳槽转行,去了不同的领域……或许有很多理由,很多契机让我们在职场开始了转行的生涯。隔行如隔山,前人的告诫自然有他们的见解,但身处如今多元化的时代,转行早已没了那么多可怕的危机一说,关键要看我们面对转行的心态有多积极有多乐观。转行,或许是发挥自己潜力的最好平台,也是掀开事业新篇章的最好机遇。

职场转行成功案例

10 年前 Leiny 在化妆品行业是一个销售精英,5 年前 Leiny 是著名奢侈品精品店的经理,但此时此刻她却是注册培训师,专供奢侈品和高档女性用品销售级服务，她参与培训的公司和品牌不计其数，她的学生遍布中国大江南北，她很享受培训师的职业并乐此不疲。说起她的转行，完全是一个偶然。2年前她被邀请去做一次公开的商业演讲，内容是关于如何看待奢侈品的服务理念，不料短短的2小时讲课让她发现了自己前所未有的潜能以及自己的兴趣。面对无数渴望的眼神和亲切的"老师"称呼，让她有了一种冲动，Leiny决定离开曾被那么多人羡慕的奢侈品行业去做一名培训师。为此她报考了英国注册培训师班的学习，并如愿拿到"转行上岗"的资格证书，在一片惋惜声中她愉悦地离开了光鲜亮丽的奢侈品行业。于是在培训师的队伍里就多了Leiny优雅知性又富有实战经验的身影。Leiny曾这样描述她的转行："这是偶然，也是必然。因为我听从了心的召唤，一次美丽的转身让我挖掘了自己无限的潜力，并找到为此努力的无穷动力。"

Leiny的成功转行和转型，让我们看到了职场潜藏着的新发展机会。牛津大学曾经做过一个调查，发现生活中有三种人：第一种人，有目标而且把它写出来；第二种人，有目标而已；第二种人，走一步看一步。10年后在追访中发现，第一种人的成就远远超过后两种人。有职场目标的人总是比其他人更容易成功。那么如何华丽转身，让转行变得更有价值并离自己职场目标更近呢？这里介绍六种法则。

职场转行六大法则

法则一:顺从心的选择

　　转行不同于转工,后者只是简单地从一个公司转到另一个公司,但工作的内容基本是相似的。转行是进入一个全新的领域,甚至有可能一切从头开始。转行的风险多过一次跳槽,所以在做转行的决定时,首先必须听听自己的心声,有强烈的主观愿望,才会为日后的发展注入动力。勉强,为难,犹豫不决甚至为了某种人情时,都不要随意做转行的决定。转行时,一定是自己"去意已定"。

法则二:了解行业动向

　　要想实现职业的成功转换,了解行业的发展趋势很重要。充分评估时下的经济环境与各种职业领域的发展前景,掌握自己向往的行业的最新动态,都会对转行带来益处,因为这种转型不是盲目和跟风的。互联网时代给我们提供了翔实的信息,使我们在第一时间了解行业的前景和人才的缺口,这些都会让自己的职业规划更切合实际。例如,2008 年全球金融危机时,大批金融行业的专才失业,因此那时转行进入金融业未必是个好的时机。了解行业其实就是评估机会和风险。

法则三:整合职业优势

　　在重新构筑一个职业希望后,必须面对许多需要跨越的障碍,而此时最大限度地发挥自己既有的职业优势就变得更加重要。切忌转型并非完全抛弃过去的职业经验,而是在过往的基础上对自己职业生涯的再一次提升。"转行"前后的职业联系有显性和隐性之分,很多成功转行的"秘诀"就是顺利地找到一个契合点,将职业优势进行整合,充分发挥自己的职业才能。

法则四:重新确立定位

转型意味着要从某一个领域拓展到另一个领域,从固有的一种习惯走出来建立一种新的习惯。在转型前为自己调整职业定位并定制中长期职业规划是十分必要的。职场定位和年龄经验有关,有些在年轻时看来是好的目标和愿望经过实践的磨砺,或许需要重新调整,这恰恰也是转行带来的全新挑战和机遇。有些领域以专业技能见长,而有些领域以管理才能见长,重新合理的定位就是为自己的职场发展定舵。

法则五:果断舍取选择

转行一定有机会成本,我们放弃了原有的积累,开始新的旅程。而此刻"舍"和"取"的衡量与博弈是综合因素的考虑。职场的目标,个人的能力和预测的前景都会为这种选择助力。舍就是舍去暂时的名利,取就是获取未来的发展,在评估和重新定位后,这种选择必须是果断而坚定的,犹豫会让时机流失也会让信心流失。

法则六:巧借东风外力

受到教育背景、知识结构、职场经验等诸多主客观因素的影响,转行面临的现实问题还是很多的,但幸好各种职能培训班和岗位培训班已经相当普及,我们大可借助外力让自己在转行过程中,提升能力并获得专业认证,这是缩短与新行业距离的最佳手段。当然还可以在进入新行业后,积极参加公司内部提供的培训,并参加行业内的多种活动,拜前辈们为师,尽快让自己成为新行业中的专业人士。

给"转行"者的六大忠告

忠告一:树立新的职场目标

转身新行业后,要有明晰的职场目标,最好分成是短期和长期目标,短期目标不要太高,这样可以让自己在短期内获得成功的喜悦,而长期目标需要有远见,这样可以让自己拥有宏观的视野。

忠告二:维持与原有行业的关系

别以为转行后会不再与旧行业有任何关系,很多时候原有的工作网络会对新工作带来益处,至少可以用借鉴的态度去学习不同行业的游戏规则。更何况任何行业之间千思万楼的联系是明显存在的。

忠告三:留存可借鉴的模板或流程

不要偷取原公司战略性文件内容或商业机密,这是职业道德所不允许的,但我们可以带走那些好的方法、好的思路和好的营运流程,让自己在新行业少走弯路。

忠告四:在磨合期低调行事

和新行业,新公司,新同事相处的前半年是一个磨合期,尽量保持低调行事的态度。在磨合期内以了解新行业的行规为目的,切忌草率行事。

忠告五:坚持学习尽快成为专业人士

无论拿到了多少证书,无论有多高的学历证明,专业人士是必须用专业说话的,所以保持学习的心态,甚至偷师于专家,尽快让自己的专业水平发挥出来。

忠告六:遭遇挫折时坚定信念

转行的初期难免会面临挫折,事业的挫折,人际的挫折,甚至是自信心的挫折。这是最常见的一种人生考验,无论如何要给自己打气,不能有半步的退缩。任何打退堂鼓的想法都会让自己前进的步伐受挫。

转行的三种姿态

姿态一:主动转行

Sara 大学里修学英语,走上工作岗位才发现自己算是没有专业,所以她在一家外资酒店里做起了销售工作。五年之后她重新规划了自己的职场,她想成为私人银行业务的专家,于是她辞职并赴英国留学两年,所选专业就是全球私人银行业务。如今她凭借着自己的语言能力和专业知识,成为了全球著名私人银行的高级顾问,为中国富人阶层提供金融服务。曾经的酒店工作经验也为她的职场再次出发打下了扎实的基础。

姿态二:被动转行

Fiona任职于一家公关公司,做的是客户服务。由于她扎实的专业,认真的态度,被曾服务过的客户公司看中,后者主动伸出橄榄枝邀请她加盟健康管理公司。Fiona对健康管理行业很陌生,但她经过研究发现这个行业前景广阔,在中国还是刚刚起步,有很大的发展空间,于是她在一番取舍后毅然辞掉了现有的工作,成为了这家正在规划上市的民营健康管理公司的副总裁,管理连锁经营业务。而她最擅长的政府和媒体协调也使她的事业如虎添翼。

姿态三:无奈转行

Lynn在一家电视节目的制作公司工作了八年,虽然辛苦但收入颇高,所以她一直咬紧牙关想坚持下去。不料有一天老板宣布已将公司转卖给了其他人,新老板上任第一天就重组队伍。新老板没有把Lynn放入核心人群,令她非常失望。于是她只能辞职走人。年近40的Lynn面对现实做出了一个大胆的转行举动,她不再寻找类似拼体力的工作,而是寻找相对安逸的办公室工作,凭借她认真的工作态度和老到的为人处世经验,最后成功转型做了一家中等规模公司的办公室主任,从此不再和摄像机器设备打交道,而更多地和人打交道。

后　记

当我把所有 46 篇书稿整理好交给我的图书编辑时，我有一种难言的激动。19 多万的文字更像是我对职场兄弟姐妹们说的心里话，我细细数过书稿中提到名字的职场小故事竟然超过了 100个，或许我把记忆中所有和我共过事见过面的职场朋友都列举了一遍。这也使我想起了一个笑话：在某个清晨某个办公大楼的大厅，当有人高喊一声"Helen"，或许有十多个正在排队等电梯的Helen 们会应答。于是我联想到，所有书中出现的名字包括标题，都只是职场中的一个符号，而我是用我的心、我的文字把这些有趣、生动的符号给串联了起来。客观地说，职场那点事很多人都熟知，而我只是把所有人熟知的内容进行了系统有序的组合，希望我们身在职场的当事人或者看客们都能从中找到自己那份心领神会的感觉。

这不会是一本说教的书，虽然它很正面，很积极，很阳光，但并不代表它就死板和教条。书的立场便是我个人的职场态度，只有拥有这些正能量的特质，我们才能走好职场的每一步，努力但不激进，骄傲但不一定张狂，理想还要面对现实，一如我们需要多元维生素一样，在多元化的职场生活中更要让自己情商、智商、职商都有提高和长进。而我的职场态度就是平衡，健康，有序地向上攀升，享受职场的每一天！

后记

生活中我不是一个专业作家，只是一个普通的职场人，在世界500强公司工作过。在过去的 23 年里我和不同的职场人打过交道，也有很多职场朋友为我分享了他们的职场故事，这使我对职场有了更全面的了解，而写作只是让我把更多的思考变成了可以交流的话题。我享受着这种多重身份带来的体验和乐趣。坚持写作，让我有了更多生机盎然的源泉，文字好似我生命跳动的乐符，让我可以将每一天简单而又平凡的日子过得更有意义。很多人好奇于我的精力充沛，其实职场生活是忙碌的，但我有我的法宝——善存多元维生素，它让我充实的每一天都能斗志昂扬，创造力无限。职场生活的丰富多彩一定离不开健康和营养，我庆幸自己收获了物质和精神的多元滋补。

再次感谢曾经帮助过我的所有人，特别是现代传播集团和蓝狮子财经出版中心，在撰写职场励志专栏和书籍的过程，我也在汲取更多的新养分、新知识、新观念。人生的每一个进步可能是微不足道的,但正是这些微不足道的进步才串起了某时刻的巨大飞跃,我愿意和我的职场朋友们,以及我的读者们一起去慢慢实现这些小小的、微不足道的进步。

让我们在文字中畅游一回,让我们在现实中实践一回! 像向日葵般成长一定没有错!

毛　文

图书在版编目（CIP）数据

Helen 说，在职场要像向日葵一样成长／毛文著.
—杭州：浙江大学出版社，2012.10
ISBN 978-7-308-10568-2

Ⅰ.①H… Ⅱ.①毛… Ⅲ.①女性－成功心理－通俗
读物 Ⅳ.①B848.4－49

中国版本图书馆 CIP 数据核字（2012）第 210458 号

Helen 说，在职场要像向日葵一样成长

毛　文 *Helen*　著

策　　划	蓝狮子财经出版中心	
责任编辑	曲　静	
文字编辑	卢　川	
出版发行	浙江大学出版社	
	（杭州市天目山路 148 号　邮政编码 310007）	
	（网址：http://www.zjupress.com）	
排　　版	杭州中大图文设计有限公司	
印　　刷	临安市曙光印务有限公司	
开　　本	880mm×1230mm　1/32	
印　　张	9.75	
字　　数	192 千	
版 印 次	2012 年 10 月第 1 版　2012 年 10 月第 1 次印刷	
书　　号	ISBN 978-7-308-10568-2	
定　　价	32.00 元	